night vision

光明

黑色的眼睛不看

seeing ourselves through dark moods

mariana alessandri

［美］玛利亚娜·亚历山德里 著

高天羽 译

云南人民出版社

NIGHT VISION: Seeing Ourselves through Dark Moods
by Mariana Alessandri
Copyright © 2023 by Mariana Alessandri
Simplified Chinese translation copyright © Beijing Imaginist Time Culture Co., Ltd., 2025
All rights reserved.

未经出版方书面许可，不得以任何形式或手段，以电子或机械方式，包括复印、录制或利用任何信息存储和检索系统，复制或传播本书任何内容。

著作权合同登记图字：23-2024-084

图书在版编目(CIP)数据

黑色的眼睛不看光明／（美）玛利亚娜·亚历山德里著；高天羽译. -- 昆明：云南人民出版社，2025.1.
ISBN 978-7-222-23280-8
Ⅰ.B84-49
中国国家版本馆CIP数据核字第2024YU3153号

责任编辑：欧燕
特约编辑：EG
装帧设计：高熹
内文制作：EG
责任校对：董毅
责任印制：代隆参

黑色的眼睛不看光明

[美] 玛利亚娜·亚历山德里 著　高天羽 译

出　版	云南人民出版社
发　行	云南人民出版社
社　址	昆明市环城西路609号
邮　编	650034
网　址	www.ynpph.com.cn
E-mail	ynrms@sina.com
开　本	1168mm×850mm　1/32
印　张	8.5
字　数	167千
版　次	2025年1月第1版第1次印刷
印　刷	山东韵杰文化科技有限公司
书　号	ISBN 978-7-222-23280-8
定　价	56.00元

格洛丽亚·安扎尔杜亚博士（Dr. Gloria Anzaldúa）说，有些人"对世界有着敏锐到痛苦的体验"，本书就献给他们，尤其是我的学生们

目　录

引　言　要怀疑光　　　　　　　　　　　　1
我要来说说这种用光明匹配美好、黑暗匹配丑恶的冲动。我们要探索这种配对背后的源头，探索它许诺了什么，最终又会带来什么害处。

第 1 章　诚实面对愤怒　　　　　　　　　23
若想顺应自己，我们就得学会将"我错在哪里"这个问题换成"我的处境错在哪里"。

第 2 章　我苦故我在　　　　　　　　　　65
我在父亲病中最脆弱的阶段体会到了喜悦和交心……只有在病中，他才会向我伸手讨要温柔的人类牵绊。

第 3 章　倔强地哀恸　　　　　　　　　　101
人们年复一年地对别人说"别哭"，但这两个字的真实意思是："你的情感流露让我很不舒服：别给我哭。"我倒宁愿他们说："尽管哭吧，有我在这儿陪你。"

第 4 章　重新涂装抑郁　　　　　　　　　137
社会为什么不能允许我们在床上结结实实躺一个礼拜而不加评判？

第 5 章　学会焦虑　　　　　　　　　　　177
自由就是会使人眩晕。它既美妙又悲惨，最重要的是它代价高昂。自由的代价就是焦虑。

尾声　练习夜视　　　　　　　　　　　　　225
某一刻起，你必须相信情绪的痛苦可以作为一根管道，用来通向社群、人际联结、自我认识、精确、睿智、聪慧和共情。你还必须相信，怀有这些情绪的我们绝不会失去尊严。

致　谢　　　　　　　　　　　　　　　239
注　释　　　　　　　　　　　　　　　243

引 言

要怀疑光

有些时候的遭遇，我们往往不会讲给人听。那种时候，我们像自由落体一般坠入黑暗，在漫长的每一天里始终笼罩在晦暗和阴影之中，被长时间的怀疑遮蔽心灵，忧郁也深重得似乎绝无可能看到出路。这种时候，我们只想要一点点光、一点点明晰、一点点太阳。我们渴望新的一天赶紧破晓。即使感觉还行的时候，我们也常在说光明。我们或者"看见亮光了"，或者"灵光一现"，或者会寻找"隧道尽头的光"。我们遇到"光彩照人"、笑容"灿烂"的人便为之吸引。至少在美国这个素来强调自力更生、乐观精神和积极思考的国度，我们都是在光的沐浴中长大的。我们把光和许多事物联想在一起：安全、智力、平和、希望、纯洁、乐观、爱、幸福、有趣乃至率性。凡是好的，都等同于光。这样点滴积累，这些小小的等式就构成了一个"光明之喻"：亮比暗好，阳光比乌云幸福，光明的心境胜过幽暗的情绪。

在这本书里，我要来说说这种用光明匹配美好、黑暗匹配丑恶的冲动。我们要探索这种配对背后的源头，探索它许诺了什么，最终又会带来什么害处。人人都希望避开黑暗，这可以理解，但追光也会让我们受伤。我们在前进途中需要的，是停止努力向黑暗投以光明，而要学会在黑暗中观看。

像我这样的哲学家，用光明和黑暗来比喻知识与无知、善与恶，已有近 2500 年的历史了。柏拉图在《理想国》中借苏格拉底这一人物之口提出了这一配对，苏格拉底给他的朋友们讲了一个故事，说有一群囚徒被强行关在一个洞穴里，不知道洞外就有阳光。一个又一个学期，许多哲学教授向毫无戒备的学生灌输柏拉图的这个洞穴比喻。我第一天给学生讲"哲学导论"课时也是如此。

和学生们[*]一起阅读柏拉图对洞穴的刻画时，我要他们在纸上画出这个场景。它的意义我们晚一点再解释。我告诉他们，

---

[*] 所有学生都修改了姓名，也都糅合了来自多个人物的特征。（本书脚注若无特别说明，均为作者注。）

鉴于这个场景本身殊难想象，我们需要先把它画到纸上。

"洞穴里有什么？"我问他们。

有几名囚徒、一面石壁、几个木偶师，以及一个出口。

"先把囚徒画出来。"我说。他们是人类，我们也是，这一点应该说相当重要。一位将要主修哲学的学生告诉我，囚徒们在三个部位戴着枷锁：脖子、手腕和脚踝。他们被锁得只好坐到地上，无法转动头部，连环顾左右都做不到。他们只能看到前方的东西，但可以听见彼此的声音。每一天每一刻，这些柏拉图想象出来的囚徒都只能盯着石壁。一群可怜人。

"很好。再把石壁画出来。上面都有什么？"我用余光瞥见一个安静的新生正在涂鸦，我怀疑她画的不是洞穴。她的样子无精打采，有这种状态的不止她一个。

"有影子。"有个穿运动套装的学生嘀咕了一声。

"什么的影子？"我追问。

"动物的、树的、人的。"第一天上这门课的学生，常会对这个问题简短作答。他们从 5 岁起就读了这段故事，不敢偏离标准答案。等时间久了，他们自会松弛下来，大胆说出自己的想法。

"这些影子是怎么映到石壁上的？"我继续问。

一个认真的学生大声答道，石壁上的影子是木偶造成的。

"哦？木偶又是怎么回事？"我问。

"洞里烧着一堆篝火。"有人答,"木偶师利用火光,把木偶投影到石壁上。"

"你的意思是,洞穴就像一间儿童卧室,单靠一盏灯,就足以让木偶投下影子?"我问得详细了些。

"是啊。"

"那为什么会有人把木偶的影子投到一个洞穴的石壁上?"我装得好像第一次读这个故事,困惑地发问。我要激发学生的好奇心,让他们质疑柏拉图的精神状态。他们还不知道,我们很快会从澄清式的问题,过渡到令他们心神不宁的问题。

没有学生能告诉我,为什么柏拉图提到的这些木偶师想操纵这些洞穴囚徒的心灵。但他们都明白,囚徒们把影子当成了实物。囚徒们从未见过一棵真正的树,于是认为树的影子就是真树。他们甚至为了决定彼此的地位而比试起来:谁每次看到的树都最多?谁认出了最高的那棵?在这个洞穴里,你的价值取决于你对一个纯粹由影子构成的世界有多熟悉。

到这一步,我们就能把这个洞穴想象出来了:里面昏昏暗暗,关着倒霉蛋,过的都是"近似"现实的生活。学生们也明白囚徒们为什么不反抗:他们不知道自己看见的并非现实。有一个学生提出,柏拉图其实在说我们都是囚徒。另一个学生认为我们都错信了媒体的谎言。第三个学生担心我们都在不经思索地机械度日。总之到这时候，大家都认同了柏拉图是想告诉我们什么道理：他认为我们都被囚禁着，而且把某些事情完全弄错了，可我们不知道那是什么事情，自己在一生中又有多少时间相信了它。有几个学生闭上了眼睛，还有几个长出了一口屏住的气。他们放松了下来，不敢置信地看向彼此，感到困惑。

这则寓言有一个还算圆满的结局：有一名囚徒被解除了镣铐，强行拖到了洞外。他身体暴露于天光之下，立刻用双臂抱住了眼睛。一连好多个星期，他始终无法辨识光照下的任何东西，只认出了几样有些眼熟，像是地面上的影子和湖水中的倒影。他在白天视线模糊，到太阳落山后才能清晰地看见河边的树木。

过了很长一段时间，我们的主人公开始适应光亮。随着眼睛渐渐调整，他终于看清了真正的树木。假以时日，他还会明白一个道理，这道理我的学生们也是第一次思考：就连我们最基础的信念，也可能是错的。

对于柏拉图的洞穴喻，我的学生们做了一个典型解读：太阳是救星。他们当中信教的那些认为太阳就是上帝，无神论者则喜欢称之为真理。他们至少都同意，是太阳让解放的囚徒看见了真正的世界。有人将囚徒适应阳光与教育相提并论：这是一个人爬出无知走向真理，或者爬出黑暗走入光明的过程。无论阳光在一开始是多么刺眼疼痛，学生们都承认、都认同，是太阳最终拯救了那名囚徒。我们也是因为受了教育，才知道如何在光里行走。

我自己傍 18 岁时，已经收获了许多的爱和光明。在纽约市皇后区的洛克威海滩，我已经度过了不少个躺在热毛巾上的暑假。等在大学里学习光明喻的哲学起源时，我已经做好了准备。到毕业时，我更是紧紧抓着一件确定之事；我的学生们为了摆脱困惑，对这件事也是爹着双手猛扑过去。那就是：要知晓真理，必须有光。

可问题是，我的内心又总有幽暗的情绪。我天生是个易怒之人，并且多数时候都感到难过沮丧。我觉得这世界是一场铺天盖地的悲剧，偶尔才有几缕阳光射穿乌云。就像小熊维尼的驴子朋友屹耳（Eeyore），我内心里也是个悲观的人。

如果你也像我这样，那就一定明白在这个喜欢跳跳虎的世界上，做屹耳有多不容易：你是一朵雨云，但老有人告诉你最好做阳光。* 我们这些性情幽暗的人，很难不被一块块得意洋洋的正能量之石轰击。无论电视、推特、Instagram、Pinterest、播客、自助书籍，还是 T 恤、枕套、保险杠贴纸、咖啡杯或告示牌，

---

* 跳跳虎怎么就成了光明面的象征，着实令人费解——它其实可说是一个内心极为焦虑的角色，要靠蹦跳来自我安慰。

每一样都在让我们活出最好的一面。在20世纪80年代，那是鲍比·麦菲林（Bobby McFerrin）的歌《别担心，快活点》（Don't Worry, Be Happy）以及沃尔玛超市的大个黄色笑脸；今天，它是"照出你们的光"（马太福音5∶16）。幽暗情绪挣扎着想获得同情，但这世界只想纠正、治疗它们，或是劝它们弃暗投明。

为适应这个阳光充裕的世界，我们中的一些人努力伪装，直到弄假成真。我们不敢忘记有人过得比我们自己更糟（这常常使我们在疼痛之外又平添自责）。我们说自己的难处只是"第一世界的问题"（因此也额外收获了一种感受：羞耻）。我们阅读能让自己变得更快乐的书籍，而书籍销量说明，我不是唯一的倾力追光的人。

蕾切尔·霍利斯（Rachel Hollis）2018年的作品《姑娘，洗把脸》（Girl, Wash Your Face）畅销两百多万册，因为就是有这么多读者意图相信，人可以用态度支配自己的幸福。比这早12年的《秘密》（The Secret）和《吸引力法则》（The Law of Attraction），也以同样的原因成了畅销书：读者都希望投入积极思考就能获得更大回报。这几本书其实都是1952年的经典之作《积极思考就是力量》（The Power of Positive Thinking）的现代版本。作者诺曼·文森特·皮尔（Norman Vincent Peale）当年凭此书初入文坛，美国人就把他捧成了畅销作家。如此，人们自愿成了光明喻的基层宣传员，一遍遍地吟诵那几句咒语：光明比阴暗聪明，幸福比悲伤流行，宁静比愤怒时髦，乐观比悲观神圣。我们笑对逆境，参加愤怒管理工坊，教育孩子哭泣代表懦弱，还尝试用化学手段消除焦虑、恐惧和悲伤。我们严守光明喻的三条命令：对待幽暗情绪，要将它们消声、扼制、吞没。

这也的确管用。我们打退了黑暗。我们降服了负面感受，把它们关进灵魂深处的地牢，在那里它们被完全藏匿，直至永远消失。在战胜最幽暗的情绪，拗出快乐的面孔之后，我们从此过上了幸福的日子，一颗心飞上九重天*，抬头纹再也不见。

又或许并不是这样的。

为什么不是？

因为柏拉图根本错了。起码柏拉图的读者们错了，他们错误地从他的比喻中推出，真理只能到光明中去寻找。我们错误地相信，单是一颗太阳就能拯救我们。最糟的是，我们没有考虑到，将太阳高高捧上中天，在智力、身体和情绪上要付出多少代价。

自柏拉图以降，光明喻一直颇为风行。耶稣就自称是"世

---

* 九重天（cloud nine）曾经只是"七重天"（cloud seven）——就连我们想象中的幸福标杆也在不断升高。

界的光"。哥白尼宣布地球（及其他一切）围绕太阳运行。光明成了我们的救主，在它美好亲切的品质面前，黑暗被压得抬不起头。黑暗被名副其实地"抹黑"、丑化，在哲学、宗教和历史中都落到了恐怖、丑陋、无知和罪恶的境地："我觉得人生一片黑暗""对这件事我两眼一抹黑""再也不想回去那种阴惨处境"。光明喻不懈地坚称黑暗是丑陋、负面、可悲的。

无怪乎在柏拉图之后很久，启蒙哲学仍对深肤色的人不甚友好，说相较于浅肤色的人，可以"科学地"证明前者人性较弱、智能较低。在这种偏颇的框架内，白人难以想象黑人有什么知识或智慧可言。美国在解放黑奴之后，黑人依旧被描绘成丑陋的强奸犯，说他们威胁着纯良的白人妇女。黑人女性则被塑造成欲壑难填的罪人形象。这些刻板印象造成的破坏无可估算，我们至今仍未完全摆脱它们。深肤色的女性依然使用亮肤霜（Fair & Lovely），因为她们已经接受了亮白更性感、黝黑是缺陷的观念。在我出生的拉美裔社区，新生儿拥有白皮肤、蓝眼睛总能得到奉承，而黑皮肤、棕眼睛就不怎么讨喜了。本书的主题不是社会对深色皮肤的歧视，而是对幽暗情绪的偏见，但其实两者是一同滋长的。我们只要还将黑暗等同于畸形和缺陷，就永远无法克服肤色歧视。

在一个崇尚光明的世界里，黑暗被迫担上了百种弊病，包括无知、丑陋、不快、阴暗、痛苦、笨重、狰狞，以及全面的不健康。幽暗情绪更不消说——它们根本一无是处。

在读完柏拉图的洞穴寓言后，我的学生们都很难相信自己可能是看着影子长大的。类似的，我在写作本书的过程中，也因为怀疑光明那不容置疑的善好性而经历了极为艰难的时光。谁想要反对培养乐观的精神、喜悦的态度呢？哪个美国人敢怀疑人的幸福由自己创造，或是阳光的性格会带来经济收益？谁不想在价值110亿美元的自助产业中沐浴光明？

有的，就是我们这些曾被光明之喻灼伤的人。任何被劝导过多看光明面的人，都可能觉得这么说的人将你的愤怒、悲伤/沮丧（sadness）、哀恸、抑郁和焦虑看成了耍性子——你这个想法没错。提出这种忠告的人，没有几个想要了解我们所处的幽暗境地，或是我们觉得这一次怕是撑不过去的感觉。那些信誓旦旦宣称我们能"自己创造阳光"的人，往往欠缺对他人的同情。他们最可能假定是我们努力得不够。

这就是所谓的"残破叙事"（Brokenness Story），如果说光明喻在唱红脸，它就是在唱白脸了。一面是光明喻歌颂"幸福是一种选择"，另一面是残破叙事在咆哮"你还在哭诉什么"。每当我们无法沐浴光明、让心情灿烂起来，残破叙事就在耳畔响起。这个声音批评我们软弱、不知感恩、自怜自哀、放纵沉溺。

它以"坚强"之名,羞辱不能笑待痛苦(或至少咬牙承受)之人。

但有没有可能,其实我们向来都努力过了头?我们是否一直在磨洗一件本就不该发光发亮的东西?或许幽暗才是属于人类的境况,或许就连跳跳虎也做不到"像一个质子,只带正能量"。于是,当自助书籍作者和正能量大师凭着一双手和一抹微笑将我们撕成两半,剩下的就只有我们支离破碎的灵魂:我们只感到幽暗,又觉得自己不该这么感觉。我们之中那些愤怒、受伤、哀恸、抑郁或焦虑的人,并不认为自己是完整的人,而是一心觉得自己残破了。

知道我们的多数幽暗情绪被归为了精神疾病,你会觉得更好受还是更难受?西方医学的光明对于我们内心的幽暗并不友好。诸如"抑郁""焦虑""哀恸""悲伤""愤怒"之类的医学术语,都加深了我们对幽暗的偏见。除了说它们"可怕""丑陋""无知""罪恶"之外,医生还把我们的幽暗情绪刻画成种种"病症""障碍""疾弊"。这些医学措辞从我们的残破,我们对于完整身心的彻底偏离中建起了一门科学。在精神病学的荧光灯下,要从我们的幽暗情绪中发现尊严,就跟刚从洞穴中解放的囚徒要在正午认出一棵真实的树木一样困难。在我认识的人中,没有一个认为在浴室地板上哭着睡着是有尊严的——但它诊断起来往往倒很容易。

优秀的心理学家会爽快地承认，关于什么是精神的失调或疾病，其实并无公认的标准。他们甚至还在辩论，本书中探讨的愤怒、悲伤、哀恸、抑郁和焦虑这五种情绪，是应该归为精神疾病，还是该换个称呼。但是别看心理学姿态这么谦虚，若要它否认焦虑在青少年中"蔓延"，或者美国有千百万人"罹患"抑郁，却是不可能的。我们用来命名生存境况的词常常带着敌意和恐吓，贬低就更不用说了。就比如我们与精神疾病"战斗"，或者"屈服"于它们而自杀，这样的说法。

措辞很要紧。它能决定我们是反对自己还是顺应自己。"脑病"的说法并不能鼓舞一个人尊重自己的抑郁，"诊断"和"尊严"充其量只是押韵*；"我们有精神疾病"的启发性远比不上"焦虑使你成为一个有血有肉的人"。通过它们在光照下的模样来判断幽暗情绪，就会产生一套令尊严难以发现的语汇。要学会在幽暗中观看这些痛苦情绪，就必须为这些旧的苦楚寻找新的说辞。

如今，研究已经明确指出：假装开朗、强展愁眉，只会伤害我们。我们已经了解到，压抑或逃避负面感受，会让我们生病——无论是身体上、情绪上还是心智上的病。现在，有了一

---

* 原文为"'diagnosis' doesn't rhyme with 'dignity'"，直译为"'诊断'和'尊严'并不押韵"，意指后者不是前者顺理成章的产物。——编注

众作者的协助，包括凯特·鲍勒、布勒妮·布朗、奥丝汀·钱宁·布朗、塔拉娜·伯克、苏珊·大卫、格伦侬·道尔和朱莉·K.诺林，*再加上"我也是"（MeToo）和"黑人的命也是命"（Black Lives Matter）等运动的驱使，一些人已经在试验不去擦干眼泪或洗净面孔。一些人已经开始向情绪光谱的幽暗一面倾斜。

在一定程度上，这也的确有了效果。当我们第一次听到"有毒正能量"（toxic positivity）的说法时，一些人的内心立即涌起了认同感——虽然多年来一直感受到这种压迫性的现象，我们却始终没想到还能给它命名。自新冠疫情蔓延之后，谈论抑郁和哀恸应该说比从前更容易接受了。我们有了充足的证据表明自己并不孤单，看到别人也在让自己的幽暗面自然流露，感觉真好。当一块块广告牌告诉我们抑郁不等于懒，焦虑不是软弱，愤怒、悲伤、哀恸这些幽暗情绪每个人都在疲于应对，我们就更容易相信世上有许多和我们相像的人。"让它 OK"（MakeItOk.org）之类的精神卫生运动也告诉我们："你并不孤单……"

不过，跟着难免会有人接一句："因为人人都是残破的。"相较于"焦虑是一种罪"，能说出"你不必为焦虑而羞耻，因为有三成美国人和你同在一条船上"，确实更贴近真相了，不

---

* 作者们的原文名依次为 Kate Bowler、Brené Brown、Austin Channing Brown、Tarana Burke、Susan David、Glennon Doyle 和 Julie K. Norem。——编注

过最贴切的说法还是"焦虑意味着你在付出关注"。¹ 给焦虑和抑郁打上聚光灯,可以告诉我们大家同乘的这条船有多大——但这仍不能赋予我们尊严。

叫那些自助书都见鬼去吧:在残破的基础上,建不起积极的自我概念;在光照下审视幽暗情绪,也得不出鼓舞性的结论。

即便是幽暗情绪最激烈的辩护者,他们虽然相信幽暗比"光照缺失"更为丰富,却仍会感到开朗的压力。一个人明知"保持积极"的话题(#staypositive)会灼伤自己,却仍会不经意间用"自怨自艾"(pity-party)或"自暴自弃"(wallow)之类的词来形容自己的幽暗时刻。

比方说我,白天我或许会为一名女性辩护,说她有愤怒的权利,但到了夜深人静时我却会陷入羞愧——如果那名愤怒的女性恰好是我本人。独处之时,我们或许会寻思那些鼓吹"显化"*的人是对的,我们确实会吸引那些自己投向外界的东西。我们甚至担心这场"情感释放"运动(all-the-feels movement)会辜负我们。脆弱或许只会让我们暴露无遗。追求情绪平衡令许多人陷入了矛盾的境地:我们在原则上同意,不能再否定自己的幽暗情绪,可当我们被那些情绪压倒,又依然感到羞耻。

---

* manifestation,指一系列自助策略,即投射积极思维,观想并实现目标。——译注

即使我们已经修成了情绪智力，光明喻仍会时时提醒我们：当午夜降临，我们必会乞求日光，就像邻居在冰箱上贴的标语一样笃定："保持积极，好日子就要来了。"

当我落入残破叙事的掌控，开始怀疑上帝偶尔真会制造垃圾时，我就逃入哲学寻求庇护。柏拉图之后两千多年，有了存在主义，这群思想家中有一半都拒绝"存在主义者"的标签，但他们全都认为人生实在艰难。在他们看来，人类就是你呕吐时帮你撩起头发，你临终时握住你手的一群生物。他们还认为，人类有能力产生强烈的沮丧之感，以及深不见底的愤怒、焦虑、哀恸和抑郁。在他们看来这并不神秘：我们都在崎岖的大地上赤足行走，眼看着心爱之人罹患癌症。存在主义者了解我们为什么花那么多时间去回避幽暗思想。他们写下我们如何对自己、对别人撒谎，如何在不好的时候假称很好，并找出种种借口不和孩子谈论死亡。存在主义者写出了"他人即地狱""爱就是受苦"这样的句子。[2] 我对这派思想一见钟情。过去20多年，存在主义一直帮我在幽暗中看到尊严。

在医疗从业者和明星博主接过讲述人的心灵生活的任务之前，哲学家一直是诉说灵魂的主力（古人甚至认为他们还能医治灵魂）。我在本书中要分享几位哲学家的故事，他们个个花了相当多的时间探索自己的洞穴，并把其中的所见说了出来。他们并不反对你身着黑衣，听莫里西*——当然也不要求你非这么做不可。他们听任我们思考死亡和腐朽，并不会因此说我们"病态"或"做作"。当我们需要躲避炫目的光照，不妨去会会下面这六位存在主义哲学家，他们都是幽暗的老熟人了：奥黛丽·洛德、玛丽亚·卢戈内斯、米戈尔·德·乌纳穆诺、格洛丽亚·安扎尔杜亚、† C. S. 刘易斯和索伦·基尔克果。[3] 当阳光太烈、开始灼烧，他们能为我们遮一片荫。关于愤怒、悲伤、哀恸、抑郁和焦虑，他们运用的措辞，坚持的立场，都帮我昂起了头。希望他们也能帮到你。

本书的核心问题是：有没有可能，真善美不仅寓于光明之中，也居于幽暗之内？有没有可能，历来的相反想法都是巨大的错误？从古至今，我们一直被灌输针对黑暗的偏见，而其实柏拉图的洞穴内栖息着一个具体得多的危险源头：那些木偶师。是他们的勾当愚弄了囚徒，令囚徒认为影子是真实之物。拯救

---

* Morrissey，英国音乐人，曾为史密斯乐团（The Smiths）主唱及主创，其歌词多表现负面事件、情绪及思想。——译注
† 本句中，注标前的四位哲学家，原文名依次为 Audre Lorde、María Lugones、Miguel de Unamuno 和 Gloria Anzaldúa。——编注

了2500年前柏拉图想象出的那名囚徒的，不是太阳，而是他远离了木偶师。然而，无论大学时代的我、我现在的学生还是整部西方历史，都错误地从柏拉图的寓言中归纳出了对黑暗的恐惧，以及随之而来对黑暗的憎恨。

问题并不在洞穴，解法也不是光照。光天化日之下也有影子，谁要是只给你光明的真相，却不提幽暗的实情，谁就是在向你兜售正午的骄傲和夜半的羞耻。

本书不是鼓吹幽暗情绪也有光明面的哲学著作。* 我不会要求你感激你的哀戚或爱上你的焦虑。它是一场由六位哲学家发起的社会批判，要为这些情绪辩护。在光明中，幽暗情绪使我们现出残破的样子；但到了暗处，我们会呈现为丰满的人。这些情绪的每一种都是一双新的眼睛，让我们看见一个别人无法看见，或是不愿看见的世界。本书中的每一位哲学家，都针对幽暗情绪提出了新说。他们都不会把你的抑郁称为某种超能力，但所思所讲也远胜于"你虽然有病但依然可爱"。他们明白，

---

* 芭芭拉·埃伦赖克（Barbara Ehrenreich）写了《光明面：对积极思考的无尽鼓吹已动摇美国社会》（*Bright-Sided: How the Relentless Promotion of Positive Thinking Has Undermined America*, 2009，中译本又名《失控的正向思考》），书中点出了美国社会的一个恶习，就是强迫大家待在人生的阳光面。此后不久，奥利弗·伯克曼（Oliver Burkeman）又写了《解毒：给受不了"积极思考"的人的幸福指南》（*The Antidote: Happiness for People Who Can't Stand Positive Thinking*, 2013）。

每个人都有独一无二的明暗配比，每种组合都值得尊敬、富有尊严且饱含人性。他们可以向我们展示如何在黑暗中观看。

柏拉图的后继者教导我们要用科学、心理学和宗教的光芒评估幽暗情绪。而我在此邀请你对这一智识传承发起怀疑，不妨去想想另一种可能：要在幽暗情绪中找到尊严，你或许得走出光明，重返洞穴。给了我这一启发的是小说家、环保主义者、诗人温德尔·贝里（Wendell Berry），他写道：

> 带着光亮走进黑暗是在理解光。
> 而要理解黑暗，就得熄灭光亮。要两眼漆黑进去，
> 那样你会发现，黑暗也在绽放和歌唱，
> 里面还走着黑暗的脚，飞着黑暗的翅膀。[4]

如果贝里是对的，幽暗的情绪在幽暗中才能充分理解，我们就该停止往上面洒光。

人人都体验过幽暗情绪。我们中一些人此刻怕就在经历其中一种，还有些人则濒临陷入。让我们抵制那些兜售感恩日志的畅销书"木偶师"，随着本书的内容不断走入洞穴深处，了解幽暗将向我们展示的东西。本书是一种观看之道，也是一种求知之道。它包容了各式感受、想象、判断、具现和思考。从

现在起，我们将调暗灯光，停止微笑。我们将收起对黑暗的成见，不再认为它是应当惧怕、淡化或逃避的对象。我们将对一众声音听而不闻，随它们说只有光天化日之下才能学习。这里没有木偶师的位置，只有已经理解了愤怒、悲伤、哀恸、抑郁和焦虑的哲学家们。

第 1 章

诚实面对愤怒

我当初要是知道，主修哲学的美国大学生只有 1/3 是女性，或许就不会主修哲学了。我要是还能算出，自己十年后将成为职业哲学家，而像我这样的拉美裔女性职业哲学家在美国只有区区二十来人，我或许早退学了。[1] 即使不退学，我起码也会很怒：在全部人文学科当中，我的这个研究领域居然是多样性数据最差的。但当年我还算白人。

如果我是棕色皮肤，或许不会去这样一所白人占多数的大学，即使去了，多半也会被引向族群研究专业。如果我是黑人，或许会有人告诉我"哲学不适合黑人女性"，职业哲学家克里斯蒂·多森（Kristie Dotson）的妹妹就有过这种遭遇，时间不是 1969 年，而是 2009 年。而我因为肤色较浅，出身中产家庭，名字像盎格鲁人（玛丽，Mary），有公民身份，接受的是传统性别教育，这才得以进入职业哲学研究界。我符合白人的标准（我的智利祖母认为我就是白人），这帮我拿到了博士学位。于是，我这个第一代美国公民玛丽赢得了出席专业会议，在一众（主要是白人男性）哲学家面前发光的权利。

直到最近这十年，我在质疑社会对黑暗的全盘否定之余，也认真思考起了多位同行提过的看法：我其实是一名有色人种女性。我从前之所以不愿接受这个身份，是不想冒犯那些"真正"的有色人种女性，她们或者肤色更深，或者带有语言或口音等族群标记，因此被拦在了排他的学术、经济和社会圈子之外（这是遵从了一种有力的论辩："如果你纳闷自己是不是有色人种女性，就说明你不是！"）。可在搬到美墨边境的得克萨斯州南部后，我却发现自己在各种意义上都"变黑"了。我现在改回了出生时的名字"玛利亚娜"（Mariana），因为我现在生活的地方，人们说这个名字终于不会舌头打结了。大河谷（Rio Grande Valley）有近九成人口是西语裔或拉美裔，我凭着肤色和西班牙语立刻融入了环境。不过我也不会忘记自己是以"玛丽"的身份进入的哲学大门，玛丽仍然活在玛利亚娜体内。我俩一起拿到了博士学位，一起为下一代有色人种在学术界辟出了一点空间。本书否定了一个基本假设，即光明（情绪的和其他方面的）

比黑暗神圣，这种否定是玛丽和玛利亚娜双重身份经历的产物。

哲学家中的有色人种，即使顶着哲学偏见争取到了博士学位（有一位墨西哥-美国学者称之为"哲学护照"），也仍然会遭遇种族歧视。[2] 他们中的许多人，尤其女性，就算已经赢得了一席之地，仍会被赶出学术圈子。比如安吉拉·戴维斯（Angela Davis）就遭到加州大学洛杉矶分校解雇，理由是她"政治味太浓"。乔伊丝·米切尔·库克（Joyce Mitchell Cook）是第一位在美国取得博士学位的黑人女性，而霍华德大学拒绝授予她终身教职；拉凡尔纳·谢尔顿（LaVerne Shelton）和阿德里安·派珀（Adrian Piper）也分别为罗格斯大学和密歇根大学所拒绝。这些有色人种女性合法进入了职业哲学的边境，最后却仍遭驱逐。也有人是受够了气有意离开的。她们有的在其他领域获得了庇护，比如我们很快会提到的玛丽亚·卢戈内斯；2020年逝世前，她在纽约州立大学宾汉顿分校的专业是比较文学及女性与性别研究。有色人种女性正以各种方式从哲学界流失。

每当出现这种情况，即有色人种女性被哲学界驱逐，她们的观点，无论是关于愤怒还是其他什么，都不会受到认真对待。克里斯蒂·多森（就是妹妹被指导老师劝诫不要学哲学的那位）发表过一篇题为"此文为什么是哲学"的文章，主张有色人种在通过上述磨砺成为哲学家后，仍常常要被迫证明自己的观点为什么可以算作"真正的"哲学。³这很是教人恼火。结合本书的主旨，这其实指向了一个更大的问题：一个社会如果要费一番功夫才能将黑皮肤与智慧相联系，它也会很难将"愤怒"之类的幽暗情绪和"健康"或"合理"挂钩。

千百年来，哲学家明显都是讲述人类灵魂的人。即便今日（坦白说）哲学已经缩成观念的细流，只能从无窗教室的墙砖缝里涓涓渗出，大学生在哲学课堂上学的东西也仍能传播给公众。由于讲课的教授多是顺性别异性恋白人男性，坐满课堂的也多是顺性别异性恋白人男生，课上讲授的关于愤怒等各种情绪的内容，反映的也多半是这一现实。在哲学课堂上流传并随之流入社会的对于愤怒的看法，几乎没有一个是有色人种女性提出的，这一点既不意外也非巧合。

一百年后，也许我们对愤怒的共识将来自奥黛丽·洛德、贝尔·胡克斯（bell hooks）和玛丽亚·卢戈内斯这一系杰出的有色人种女性，她们都劝我们倾听自己的愤怒。然而在今天，我们的观点依然来自光明喻的第一批主要拥护者：古代希腊罗马的哲学家。他们对愤怒的机制以及它为何糟糕的讲述，已经主导了整部历史，而这些叙事对21世纪的愤怒女性并不友善。在这些古代哲学的光芒之下，愤怒显出的是非理性、疯狂和丑陋的面貌。愤怒是残破的。

*

柏拉图将愤怒之类的激情比作难以驾驭、血气方刚的黑皮烈马，非得理性这位"驭手"才能制服。[4] 他认为我们应该用自控来遏制愤怒。这样想的不止他一个。古罗马的斯多葛派哲学家塞涅卡也对愤怒做了类似形容，他讲过一个柏拉图勃然大怒的故事：[5] 当时有个奴隶触怒了柏拉图，换作别人肯定不假思索地挥掌打上去了，但柏拉图却将抬起的手刹在了半空。他的一个朋友恰好来访，问他在做什么。"我在让一个愤怒的男人赎清他的罪过。"柏拉图答。[6] 在他看来，盛怒是失去自控的标志。虽然许多人把盛怒当作伤害他人的借口（"激情犯罪"者的刑期往往比从容理智地做出同样勾当的人短），但柏拉图半空停手，说明他认识到盛怒是一种软弱。塞涅卡将柏拉图的事迹表述成了一条原则：只有你不愤怒的时候，才是表达愤怒的适当时机，不然你就成了情绪的奴隶。

我们许多人都认识怒气频发之人，有些人自己就这样。本来我刚刚获得了一年美好的休假，能够摆脱教学和行政任务，专心写这本书了，结果不久，新冠疫情来袭。照计划，我本该一周五天，一天八个小时地稳定写作，但接着学校就关了门。一天我向我孩子们的老师坦言"远程教学"不是个好办法，特别是对一年级学童而言。于是两害相权取其轻，我丢开iPad，开始在家中用书本和铅笔给我的孩子们上课。

"我不是你的奴隶!"在一小时被打断五次之后,我忍不住咆哮了起来。当时我正在弹钢琴,那是我的半小时独处时间,但恰在这时某人的 Kindle 要充电了。在那之前是 Kindle 上没有好书了。再之前是 Kindle 找不着了。自一年前新冠隔离开始之后,"我也是人!"这句话我想必已经吼了不下 70 遍。我还不止一次幻想着将餐桌掀翻,就像电视剧《真实新泽西主妇》(*The Real Housewives of New Jersey*)里的主妇那样。我想象着将我的 6 岁娃按到墙上该有多畅快,但随即我就自责起来。我知道不能伤害孩子,但在那些怒火中烧的时刻我又会忘记为什么不能。我渴望从育儿任务中解脱:像这样一天喂他们三餐,教他们读书识字,不过是为了将来某一天,他们能别在我上厕所的时候来敲门,而是自己上大学去。

当天夜里,我粗暴地指责丈夫只顾在车库里瞎忙,这样他就不必哄孩子们上床,之后再听着他们溜出卧室来烦我了。那一个月,"天杀的"(Jesus Christ)从我嘴里出来的次数,超过疫情前 12 个月的总和,我对孩子们每发出一句咒骂,里面仿佛都包含着我父亲的大喝:"Como se te occure?"(想什么呢你?)我闭上眼,看见母亲从他面前悄悄退下,就像现在孩子们从我面前退下一样。

从小到大,我常常领教父亲的怒火,每次发怒他准会把餐桌砸得砰砰响。我们知道发火是必然的,只是不知会发生在哪一晚或出于什么原因。这股火山似的脾气在爆发前的警示信号包含三个重复动作:首先他会用右手在那只硕大的鼻子上快速捏几把,接着把同一只手插进满头白发捋一下,同时咬住牙关咝咝吸气。无论在晚餐桌上、轿车中还是杂货店里,只要他一露出这捏鼻子摸头发吸气的迹象,你就得准备好了。接下来你必须低头看地,默不作声,并在他用浓重的口音明知故问一些"知道我是你父亲吗"之类的话时,乖乖地答"知道,爸"。你会祈祷他那火山爆发般的怒斥快快结束,别把自己烧得太惨。这时我会瑟瑟发抖,但不会哭。我觉得哭只会火上浇油,况且我也不想输给他。

和柏拉图及塞涅卡一样,我也会被愤怒吓到,但因为第一次见父亲爆发时我年纪还小,惊吓之余我还会生闷气。有些愤怒家长的孩子长大后成了和父母相反的人,但许多自己也长成了愤怒的大人。某些方面,我们所有人都是在应对童年时看见或没有看见的怒火。

对于自己在新冠期间的愤怒,我的第一个解释是我本就是个大怪物。但我又很怀疑这种说法。它的气味和古代哲学太像了。柏拉图谈的虽然不是我(也不是任何一位女性),但我只要照照镜子,就能看见他形容的那副尊容:打结的头发,狂乱而深陷的眼睛，还有歪歪扭扭的衣服。隔离政策把我变成了一匹狂奔的黑马。我不想一天到晚做个怨妇，只为一点小错就对孩子和丈夫大光其火。但我似乎也压不住那股灼热的怒气冲上脑门，再从舌尖喷射出去。

和每一个母亲一样，我也从社会中吸收了为人父母该做什么不该做什么的信息。一个好妈妈不该吓孩子，或是问他们搭错了哪根筋。一个好妈妈不会责备孩子自私顽劣，或是让他们自觉渺小。她不必坐进一间哲学课堂就能继承一条古训：愤怒可耻。事实上，盛怒的母亲在发作后的感受，用羞耻并不足以形容。愤怒的女性往往对自己缺乏同情。其中一些人会参阅自助书籍。我作为哲学教授，也常会半施虐半受虐地回顾平生所学。我会拿出我喜欢的所有理论"镜片"来深入审视自己的怒火，它们虽已是最古老、最过时的东西，我却仍吃惊于自己还在受它们掌控——而且不只是我。

为平息新冠之怒，我求助于我很喜欢的一位光明哲学家，这位男性率先提出了如下观点：只要足够努力，我们就能幸福。这位爱比克泰德是斯多葛派哲学家，他那本短短的《手册》我一度年年拜读。现在他正第15次告诫我："没有教养的人怪罪别人，有部分教养的人怪罪自己，教养完整的人谁也不怪。"[7]我虽然无法控制环境（爱比克泰德应该会认为我没有力量结束全球疫情或者让学校重开），却可以控制自己不发脾气。我不该为自己的烦心事责备丈夫和孩子，只能怪自己把生活想得太简单了。比这更高的境界是不怪罪任何人，只从容地接受这个新常态。这听起来有种自立自强的美国范儿，我喜欢。我毕竟是在纽约市成长起来的第一代移民公民（"在这儿活得下去，到哪儿都活得下去"）。我从小受的教育就是要享受努力。于是我用起功来。

我重读了马可·奥勒留的《沉思录》，这位公元2世纪的罗马皇帝兼斯多葛主义者认为，任由怒气发泄是软弱的表现。[8] 奥勒留重述了斯多葛派的一个关键信条："困扰只来自内部——来自我们自己的知觉。"[9] 他的忠告是什么？降低你的预期。要记住，你唯一能改变的人只有你自己。最后，预期着每天都会受刺激，你就修炼成了。[10] 对我而言，就是要记住养孩子就等于搞乱生活。我不该为此惊讶或生气。然而，即使对混乱有了预期，这也不能帮我每晚收拾桌子，摆满再清空洗碗机，或是吸干净满地的食物残屑。奥勒留没有派他的仆人来打扫我的屋子。在隔离中清理乱室，让我想起了我为什么第一次践行斯多葛派哲学就抛弃了它，那是差不多七年前的事了。

当时我刚生下长子，正努力行走在斯多葛主义的光芒之中。

在我儿子人生的第一年里,我告诫自己,人要控制感情。我听从奥勒留的教诲,训练自己预期每天都会受刺激。我想象了可能遭遇的苦恼事项,这样真遇到它们时就不会惊讶了。有时这么做确实有帮助:我是在想象了六个月大的儿子把屎尿喷到纸尿裤外面之后,和他登上的同一架飞机;假如我事先盲目乐观,预期他的肠胃肯定听话,旅途中怕会更不好办。

那一阵子,我会请求斯多葛主义者帮我想想法子,好让我在这可爱的新生儿一天恨不得连哭 25 个小时,而不是像我期望的那样乖乖睡觉的时候,别对他发火。我尝试了这一派的"勿忘终有一死"(memento mori)心法:我冥想自己的死亡,只为了能说出一句:"时间过得真快!"我尝试像奥勒留那样写日记,将烦心事细细描摹,再用笔抚平它们。我还尝试了"高屋建瓴法",想象此刻相对于我的整个一生乃至全宇宙是多么微不足道。[11] 我行走,阅读,冥想。可是,即便对失望有了预期,也把自己想成了浩瀚宇宙中一只微末的虫子,我的心情却并没有轻松多少。我仍然想把这团嗷嗷哭闹的小东西扔出窗外。我当然没有真那么做,但单是无力平息怒意,就足以使我感觉自己全然失败了。我太软弱("没教养",爱比克泰德悄声说),达不到斯多葛派的标准。于是我抛下斯多葛派,转而去找亚里士多德。

亚里士多德的哲学在我的孩子还是婴儿的那几年里对我尤

为适用。我很欣赏他的一条建议，就是别浪费太多时间去控制情感，因为情感本就起起落落，且它的重要性远不能与行动相提并论。柏拉图将我们的灵魂形容为驾驭奔马的车夫，而亚里士多德的描绘则使我联想起三种口味爆米花桶，里面装的是情感（feeling）、禀性（predisposition）和行动条件。其中，我们对情感的体会最为丰富：快乐、悲伤、愤怒、紧张等等。情感自发产生，其中有一些是恰当的，比如面对不公时的愤怒，另一些就不怎么好了，像是妒忌。但亚里士多德依然指出，情感难以改变，不要花太多精力去试。禀性说的是我们体会到各种情感的可能性。有人丢了钥匙会痛哭，有人则会暴怒。人各有其禀性。

如果我禀性偏向沮丧，那么碰上小儿子在隔离期间拒绝上写作课，我可能会哭出来。但事实上我的禀性偏向愤怒，于是我命令他回他的房间去，因为我不想再看见他。然而我也不想看见这样的自己。我有太多次徒劳地盼望自己能在生活崩溃的时候哭上一回，就像那些"正常"的人、温柔的人、女性的人一样。隔离期间的每个夜晚，亚里士多德都会伸一条胳膊搂住我，轻柔地提醒我，禀性不能决定行为。

他说，情感和禀性固然要紧，但仅仅因为"认识你自己"是哲学上的一宗美德。能认识到自己经常容易发火确实有益，比如每次有一只抽屉卡住，或者一只甜甜圈盒子的封口撕不开，我都会怒气上冲。我们中有些人会自豪于自己情感敏锐，亚里士多德也会赞赏我们，但他随即就将我们领上了主舞台：行为。

亚里士多德认为，最重要的是培养出正确的"行动条件"，以此支配我们在情感和禀性面前"表现"自己的方式。亚里士多德始终不遗余力地提倡恰当的行动，他建议，即使面对丑陋混乱的现实，我们也要训练灵魂做出优美的反应。比如有些时候我的小儿子不好好穿衣，这时我没有威胁要惩罚他，而是扶着他疲倦的身子走到衣橱前去挑衣服。这就是优美的行动了。既然亚里士多德已经认可了只要行动优美，生气也没关系，我又何必再为自己感到愤怒而羞愧呢？他认为愤怒的情感自有其作用，它们创造了一个机会，使我们在内心冲动想要不顾一切时，能练习恰当应对。我们许多人都是不自觉的亚里士多德信徒，当我们差点做出丑恶之事，却及时选择了优美的行动时，都可能产生一股英雄豪情。

和斯多葛派相比，亚里士多德是慈悲的，他从不说情感"应该如何"，因为它发乎自然，只要不付诸行动就没有危害。比如恼火得想把一个婴儿扔出窗外就是很自然的情感，亚里士多德看重的是我面对这股冲动时能够拒绝跟从。当你在工作和家务之余还要承担在家教育孩子的重任，愤怒和反感都是可以接受的,但将愤怒发泄出来就不对了。牧师主持人罗杰斯先生(Fred Rogers)对亚里士多德的观点做了迷人的概括:"每个人都有这样那样的情感,这些都可以接受。而如何应对这些情感,才是此生的要紧事。"[12]

然而悲哀的是,居家期间,就连亚里士多德这座不那么评判人的大山,也令我感到高不可攀了。就算他已经许可我在克制行动的前提下感受愤怒,我还是对美好行为感到了厌倦。他的哲学支撑我度过了哺育婴儿的那几年,但现在已经帮不上忙了。当我烤好一堆大杏仁分给孩子,而他们吵着说有人分到太多时,我会不耐烦地朝着他们每个都扔一把,这时再想起亚里士多德对于愤怒的观点,我就不由得冒汗。我不再将亚里士多德视作贴心知己,他仿佛成了一个父亲,老在对我说教"和幽暗玩玩可以,但别嫁给它"。我决定叛逆他一回。

隔离中的愤怒体验使我置身于两大亮光之下:一个是斯多葛主义,它告诉我压根不应该生气;一个是亚里士多德,他说可以生气,只要不付诸行动就行。我甚至尝试了毕达哥拉斯的建议,"用旋律对抗怒火",听起了德彪西和"爱丽丝囚徒"(Alice in Chains)。[13] 可是,每当我像古希腊人说的那样"发脾气",我总感觉自己犯了什么根本性错误。[14] 那个困在家中走投无路的憔悴妇人在镜中回望着我,显得那样丑陋、疯狂、非理性。

第1章 诚实面对愤怒　37

古人们就是这么说的。此时听着这些话在脑际回荡，我也随声附和起来。我听见残破叙事了。

我们每次说愤怒"非理性""丑陋"或"疯狂"，都是在附和那些古代哲人，我们笃信这些说法，就像我们曾经四处宣扬愤怒是人被邪魔附体，或者黄胆汁太盛的缘故。[15]古人的光明喻依然主导着今人的书架。比如有一本《不鸟的精妙艺术：通向良好生活的反直觉路径》*，作者马克·曼森表示，人可以自行决定鸟什么不鸟什么，就像斯多葛派认为的那样。他和斯多葛派一样，也十分看重个人选择：我们可以自己决定要珍视什么、如何应对逆境，以及这些选择的意义。曼森说，如果生活在我们的门口扔了一袋冒着热气的屎，那错误或许不在我们，但责任一定是我们的。[16]照他的意思，我完全可以决定不把孩子的不敬放在心上，不必非让别人把我激怒。曼森否认自己参与到了斯多葛哲学的历史复兴之中，这场运动自2012年开始，包括了博客"今日斯多葛"（Stoicism Today）、瑞安·霍利迪（Ryan Holiday）和斯蒂芬·汉泽尔曼（Stephen Hanselman）合著的《每日斯多葛》(The Daily Stoic)，以及"斯多葛周"(Stoic Week)和"斯多葛大会"（Stoicon）等公共活动。曼森虽然嘴上否认，但他

---

* *The Subtle Art of Not Giving a F*ck: A Counterintuitive Approach to Living a Good Life*, by Mark Manson, 中译本名为《重塑幸福：如何活成你想要的模样》。——编注

的几本著作却都表明他与此运动关系匪浅。[17] 今天，斯多葛哲学主要吸引的人群（他们还为这个学派赢得了一个厚脸皮的绰号，叫"斯多哥们儿主义"[Broicism]），也正是曼森那一番充满詈骂的"直性子话"的目标受众。

再看亚里士多德阵营。有一位加里·毕晓普（Gary Bishop）在《别再干那傻事了》（*Stop Doing That Sh*t*）中谈到有些事我们就算憋屈也不得不做。[18]（这里的"有些事"指的是人的责任义务，比如我曾告诉一个顽劣的孩子："你再怎么讨厌骑车回家，发火也好伤心也罢，你大可以哭上一路——但车得骑回来。"）根据这套哲学，你无论遭遇了多少，都仍保有掌控自身行为的力量。该死的加里·毕晓普仍期待你控制住自己。

无论你是相信能让自己不生气（就像斯多葛派），还是大可以生气只要不付诸行动（像亚里士多德），你都很可能从古代希腊和罗马人那里，继承了对愤怒的一种偏见。而刻意罔顾愤怒并不能使你更清晰地认识它。

对于我在餐桌上乱扔大杏仁的行为，亚里士多德和斯多葛派或许会照来不同的光，但两派都认为我需要冷静下来。道理上我也同意这样，但内心的某处又被这个建议搞得火大。我想到了亚历山大大帝逼迫野马"牛头"（Bucephalus）直视太阳的故事。这匹马害怕自己的影子，直视光明能使他不再恐惧。但强光也刺瞎了他的眼睛，使他变得顺服。和许多女性一样，我一旦冷静下来，总会觉得刚才令我生气的都不是大事，一定是我反应过激了。我就像那匹"牛头"，没有反抗，直接顺服了。

古代希腊和罗马的哲学家没有教我们倾听自己的愤怒。他们没有给我们一面有益的镜片，帮我们看清或是撼动令我们如此愤怒的种种结构性不公。今日的自助产业也做不到。自助产业的主旨不是拓宽我们过于狭窄的人生走廊。它许诺帮我们活出最好的人生，但前提是我们必须接受人生走廊的墙柱绝不能挪动。但要是我们认为它们能挪动呢？

疫情期间，女性丢掉的工作比男性多出百万。其中又以黑人、拉美裔和亚裔女性失去的最多。我们可以奋力改变世界，拓宽有色人种女性的人生走廊，但如果我们已经预设了愤怒是非理性、丑陋或疯狂的，就绝对做不到这一点。我们中有太多人对自己的怒火感到内疚，最后只落得烦乱和顺服。

现在到了把这条走廊推倒重建的时候，我们必须革新自己对愤怒的思考，将围在四周的情绪之墙向后拓宽。第一步可以是给自己多留出点愤怒的空间。如果我们关于愤怒的想法不是来自古代希腊、罗马的男性，而是来自 20 世纪的有色人种女性，情况会有什么改变？在那个愤怒的洞穴里，我们要是让有色人种女性来做向导，会怎么样？她们能帮我们看见什么？

*

在现代史上，奥黛丽·洛德或许是第一个明确力挺自己的愤怒的女性，也是她第一个坚称，没有愤怒，我们将一事无成。在洛德之前还有几位早期的愤怒先锋，包括曾经身为奴隶的索杰纳·特鲁斯（Sojourner Truth），她1851年在俄亥俄州的全国女性权利大会上发表了一篇愤怒的演说《我难道不是女人？》（Ain't I a Woman?），点明了白人和黑人女性的不同待遇。另一位艾达·B.威尔斯·巴尼特（Ida B. Wells Barnett）在1892年愤而揭露了孟菲斯市对黑人动用私刑的情况。还有罗莎·帕克斯（Rosa Parks），她在1955年表示她的愤怒是因为她"厌倦了"。到1981年，洛德已经是黑人社群里备受尊敬的文学人物，她在这一年发表了一场流传后世的演说，抱怨老是有人要她修正语气，好让人听得更舒服一些。洛德气愤于社会总是错误地要求她这类人柔声细语，其实她们需要的是大声疾呼。她拒绝用"非理性"来形容愤怒，由此孕育了一条有别于古代文本的哲学路线。

奥黛丽·洛德1934年生于纽约市哈林区，父母是西印度群岛的移民，她是家中的第三个女儿。洛德善于写作也长于叛逆，搞得她那位严格的母亲惊惶不已，常常因为她这个"野孩子"感到难堪。母亲肤色较浅，说不是黑人也行。或许因为这个，她瞧不上肤色较深的黑人，说他们是吃黑眼豆啃西瓜的"外人"（others）。另外，虽然洛德一家从不谈论种族不公，奥黛丽却意识到了白人同样不是盟友。

洛德夫妇努力将孩子和丑恶的种族歧视隔开，或许本意是想超脱于种族之上；但某次在首都华盛顿旅行期间，他们再也躲不开了。在参观完一家历史博物馆后，一间冰激凌店拒绝为洛德一家服务。没人向奥黛丽说明她为什么买不了冰激凌。家人也没有帮她理解美国当时的局面。对种族歧视的暧昧加上严格的家教，反倒使奥黛丽变得更野了。

洛德太太或许认为，将孩子教育得怀疑白人又鄙视黑人，能令他们长大后得利，但奥黛丽不愿再复制母亲的偏见。她没有继承母亲对黑白两色皮肤的偏狭，而是与各种肤色的男男女女打成一片。她也为自己挺身而出，就读亨特高中时就曾作诗维权，后来在亨特学院辅修哲学期间又出版了抗议诗集。[19]

47岁时，洛德到康涅狄格州参加全国女性研究协会的会议，在会上发表了主题演讲，名为"愤怒之用"（The Uses of Anger）。洛德提出，理解愤怒的第一步，是停止惧怕愤怒。"我对愤怒的恐惧没有教会我任何东西。"她说，"你们对愤怒的恐惧，也教不会你们任何东西。"[20]

惧怕愤怒似乎再自然不过，因为愤怒太有破坏性了。塞涅卡对愤怒的惧怕来得很实在：他做过尼禄的导师，曾眼睁睁看着这个愤怒而疯狂的少年皇帝烧毁一座城市来取乐。而我对愤怒的惧怕，始于我意识到家里有一个愤怒的父亲。你或许也惧怕愤怒，原因可能是你见过的愤怒太多或者太少。要做到无惧愤怒，是要下点功夫的，但如果洛德说得没错，那么这是进步的必需。

"只要能精准聚焦"，洛德告诉听众，愤怒"就会成为一股强大的能量源泉，带来进步和变化"。[21] 在1981年之前，几乎没有人将愤怒与进步和变化相提并论，即使有那么几个，比如马尔科姆·X，也会被媒体塑造得阴暗而危险。普通人习惯了将愤怒与危险相联系，要将它与进步和变化并提，需要额外的工作。

为防止有人担心愤怒把我们变成仇恨者，洛德特别强调了愤怒和仇恨的分别。她表示，她这篇关于愤怒的演说针对的是种族歧视，而不是某些人。"仇恨是针对目标相左的人的怒火，其目标是造成死亡和毁灭。"[22] 照洛德的标准，针对堕胎诊所的爆炸袭击就不是愤怒的行动，而是仇恨的发泄。而对把移民的孩子从父母怀里夺走的政策感到愤怒，则不是仇恨。"因为它的目标是促成改变。"[23] 洛德强调我们必须学会分辨愤怒和仇恨，那样才能提防住有人去混淆它们。

当代哲学家米莎·切里（Myisha Cherry）创造了"洛德式愤怒"（Lordean rage）一词，用以描述针对种族歧视的愤怒。[24]我们也可以将洛德对愤怒的辩护拓展至其他领域，比如为女性运动员争取同等报酬,填平性别共情鸿沟(gender-empathy gap,认为男性的疼痛程度强于女性),尊重并支持神经多样性(neurodiversity),或是为被监禁者争取权利。一切以公正为核心的愤怒,都属于洛德式愤怒。

发火不总能让人正确,但也不会让我们失去理性。无论愤怒还可能是什么,洛德都认为它"满载着信息和能量"。[25] 要是认为愤怒必然是非理性的并因此加以否弃,我们就永远无法倾听它的声音。要是这样和自己作对,我们就不会明白愤怒在试图告诉我们什么。

许多人在怒气勃发时,都会被告知要冷静下来。洛德在演讲中述说了一段经历,当时她在一场学术会议上,怀着"直接而特定的愤怒"侃侃而谈。一名白人女性(未具名)回应了洛德的怒气,说:"你可以告诉我你的感受,但不要说得那么尖刻,不然我会听而不闻。"[26] 我也被这种语气警察纠正过,那其实是在岔开话题。这是谈话对象在将焦点从你说话的内容转移到你说话的方式上。一个愤怒的女性被人纠正语气,就是在被提醒要对自己的愤怒感到羞耻,要明白自己的位置。在一个光芒弥漫的世界里,幽暗没有容身之所。面对这样一位女性,维护现状的木偶师会说她不理性,如果必要甚至还会强行叫她闭嘴。

柏拉图认为将愤怒付诸行动是非理性的,斯多葛派认为这属于疯狂，亚里士多德认为这很丑陋。有了这几道古代光芒的笼罩，你就不太可能在语气警察上前时挺身反抗了。你多半会退缩一步，重新措辞，或者就此作罢。不仅如此，你或许还会因为"放纵"自己生气而感到羞耻（谢谢啊斯多葛派）。我就常常因为自己的怒火而感到破碎和虚弱，希望自己能更温顺一些。在美国，对于我们许多人而言，愤怒的感受都会激发羞耻，而将怒意表达出来只会加深这种耻感。

洛德没有向那个语气警察投降。她反问那名白人女性：你批评我愤怒，是不是因为你听不得我说出的内容。毕竟听了就不得不做出改变。[27] 洛德于是向全世界的语气警察宣告："我不能为了让你不感到内疚、不感到受伤或不产生回应性的愤怒就掩藏我的愤怒，因为那样做是对我们所有努力的侮辱和轻蔑。"[28] 如果洛德一开始就认为自己的愤怒是非理性的，当天她绝不敢在那间会议室里站出来讲话。正因为相信自己的愤怒是理性的，洛德才获得了寻求公正的力量。

一个社会如果将女性的力量等同于她按捺不满的能力，如果它总在告诫女性还有别人的处境比她更糟，如果它只发给女性一本自助书籍而不愿承认她遭受了不公待遇，这样的社会注定会充斥生病的女人。在《狂怒化身为她》(*Rage Becomes Her*)

一书中，专研愤怒的索拉雅·切马利（Soraya Chemaly）讨论了一项研究，其中指出："愤怒是造成疼痛的最突出情绪因素。"[29] 加之女性较比男性更会默默地承受痛苦，切马利作结道：愤怒对女性身体的危害，我们现在连弄清楚都还没做到。[30] 我有个温柔的明尼苏达表妹一直说她有"慢性盆腔痛"，成因也很可能是压抑的愤怒。毕竟，我们已经明白，咽下去的愤怒不会就此消失。我们还听说，要把愤怒表达出来（男孩们更常得到这样的鼓励），我们才能够生存。切马利引用的另一项研究指出，乳腺癌患者将愤怒表达出来，生存率会比压抑愤怒的病友高一倍。[31]

洛德在演说中描述的愤怒十分黑暗。但同时它又富于条理、头脑清晰、长于计算——我们必须在黑暗中行走时就会变得这样。洛德要求我们信任自己，将愤怒化为工具，用以在自身和周围的世界中"发掘诚实"。[32] 我们不能徒手挖掘真相。我们需要以愤怒为铲，戳破地面，挖开泥土，露出中间埋藏的问题。只有学会运用工具，而不是想当然地认为应该将它掩藏起来，我们才有可能得到真相。

我们中的一些人，即使已经认同了洛德的观念，开始凭点滴努力将"愤怒"和"工具""诚实"联系起来，也仍可能受到古代光明哲学遗下的另两块巨碑的压迫，它们就是"疯狂"和"丑陋"。

*

2021年1月6日，数百名以白人男性为主的抗议者冲入美国国会大厦，意图"停止盗窃"（stop the steal），即阻止乔·拜登被正式宣布为2020年总统大选的胜者。在全世界瞩目之下，抗议者步步进逼，先是冲破警方护栏跑上国会大厦的阶梯，继而打碎窗子、殴伤人员并进入大厦。除我之外，还有许多观众都认为这场暴行必会受到警方的相应打击。我们一同屏息凝神，等待警棍和警枪出现的一刻，可是那一天，我们并没有看到暴乱者被警察痛打的画面。我们目睹的不是受伤的罪犯被担架抬走，而是数百人微笑着被护送到了大厦外面，仿佛一场百老汇演出之后从双开门鱼贯而出的散场观众。没有一个愤怒的暴乱者在大厦内部被捕，到当天晚上也只有52人被抓，且主要罪名是违反了下午5点后不准进入的禁令。[33]一天后联邦调查局发出悬赏，说要寻找前一天被警方默许"干他们的事"的那些人。[34]这使我们许多人疑惑：警方为什么不趁那些人还在大厦里的时候拘捕他们？为什么要放抗议者走人？

我们这些困惑群众，都已经看惯了警察殴打黑人的录像镜头。六个月前，在一场"黑人的命也是命"抗议活动上，我们刚刚目睹了4000名身穿陆军制服、带有枪械的国民警卫队员"保卫"林肯纪念堂阶梯的画面。[35]我们在新闻中读到，在乔治·弗洛伊德（George Floyd）遇害后，当局用震撼弹、橡胶子弹、电击枪、催泪瓦斯、胡椒喷雾和甩棍来对付抗议者。³⁶ 我们听说，那天夜里发生了上万起逮捕；就像民权运动兴起后的几十年来一样，逮捕的原因不是有人也压瘪了警察的气管，而只是静坐罢了。³⁷

光明喻有各种表现形式：在广告牌上，它是一名白人女性的灿烂笑容；在电视纪录片《警察》(Cops) 中，是一名黑人男性被绳之以法。凡此种种，都使人愈加难以将白人的愤怒视作危险。美联社的一则标题写道："国会山袭击，比表面更邪恶"。³⁸ 一群愤怒的暴徒砸坏国会大厦的窗户，其表面怎么就不邪恶了呢？这是对谁而言？抗议中有一名男子举着一把干草叉——在废奴之后，那一直是对黑人实施身体暴行的符号。还有个人举着邦联（Confederate）旗闯了进去。不少暴乱者都砸碎了玻璃。他们携带武器：枪支、刀具、钢管，还有扎带。他们在大厦内竖起一座绞架，叫嚣："吊死迈克·彭斯！"³⁹ 他们还在楼内各处藏匿了炸弹。有人的卫衣上印着"MAGA Civil War January 6, 2021"（让美国再次伟大，2021 年 1 月 6 日内战打响），其中哪个字能看出这些人是来和平示威的？

袭击发生后，人们不禁遐想：暴乱者要是黑人，早就被枪打了。⁴⁰ 我要澄清一点：国会大厦确实没有铺红毯延请白人暴乱者入内，但暴乱者的愤怒也没有被立即形容为疯狂和危险的（有些人至今也没这么说）。

斯多葛派会否认愤怒的合理性，包括国会山暴徒的愤怒；亚里士多德会斥责愤怒行为，而非愤怒的情感。这场辩论谁输谁赢？这可能取决于你关注的是哪些媒体。对许多旁观者和参与者来说，是亚里士多德赢了。评论员们表示，愤怒本身没错，错的是愤怒激起的行为。就连后来被记者找到的一名暴乱者也坦言"事情失控了"。[41] 他没有承认自己的愤怒是疯狂的，只承认他的行为有错。而暴乱者如果是黑人，赢的或许就是斯多葛派了。届时旁观者可能会认为，这种愤怒本身就是疯狂的，不单是以愤怒之名做出的行动。

在《杀死盛怒》(*Killing Rage*, 1995) 一书中，美国作家、哲学家贝尔·胡克斯批评了1968年的书籍《黑人的盛怒》(*Black Rage*)，该书给黑人男性性情做了一番心理画像。胡克斯抱怨道，该书的两位作者虽是黑人，却依然试图"说服读者盛怒只是无力的一种表现"。[42] 她指出，黑人男性的愤怒一向被视作病态，白人男性的愤怒则常被认为是环境所迫、情有可原（也比如这次国会山暴乱）。[43] 胡克斯提出，我们应该考虑一种可能，即黑人的愤怒从未得到过公平的对待。只要我们还在将病态同黑暗相联系，就无法像胡克斯一般审视黑人的愤怒，即将它看作"对压迫和剥削的一种有潜在的健康和治疗效果的反应"。[44]

洛德认为愤怒饱含着信息和理性，胡克斯更进一步，认为它有潜在的健康作用。她们两位都帮我认识到，当我在疫情中因为被孩子打扰而生气时，我生气的对象不该是孩子们的求助，让他们觉得自己在拖累我也是我不对。当我抛弃了亚里士多德和斯多葛派，转而向洛德和胡克斯两位哲学家请教愤怒时，我意识到在倾听自己的愤怒之前，不应该先对它妄下评判。

要是早点倾听自己的愤怒，我就能用它来"发掘诚实"，问出我家里到底在发生什么了。我告诉自己，从这一刻起，我要倾听自己的愤怒，将自己的幽暗情绪视为努力贡献情报的盟友。我不会再想当然地认为自己是疯狂的、不理性的，而是会稍稍抬起愤怒的头。

只是还留下一个问题：我感觉愤怒的自己变丑了。光明喻说，愤怒的女性是丑陋的，而身处不堪仍说出"不能抱怨！"的女性，则会得到美丽、阳光、明智的赞美。

20世纪70年代，说一个女性主义者丑，是试图不把她的观点当回事的一大策略。这种战术廉价但是有效：专攻一个女人的外貌而不是听她说话，就可以消解她话里的信息。但阿根廷哲学家玛丽亚·卢戈内斯却好像并不在乎别人看她是丑是美。我曾经见过她吃下一整只梨：全皮全肉，连核带种。而我的智利母亲吃起梨来就很优雅：先用刀去皮，然后把梨切成一小片一小片，再用甜点又送进嘴里，比起她，卢戈内斯就像一只兽类。这或许是她反抗传统的方式，是在挑衅文明——又或许她只是不想浪费食物罢了。无论如何，她信任自己的身体能吸收梨子的营养并将废物排出，因此不惜被视作野人。她也学会了信任自己的心灵，觉得对于那股子她所谓的"难以应对的愤怒"，心灵一定能从中分出孰好孰坏。[45]

不同于奥黛丽·洛德和贝尔·胡克斯，卢戈内斯并不总是愤怒的维护者。她更像是目睹罗马焚毁的塞涅卡，有理由对愤怒保持怀疑。她在小时候见识过表现为暴力的愤怒："我是从暴力横行的地方移居来美国的。从我的立场看，我离开的那地方充斥着殴打、系统性强奸和极端的身心折磨，而加害者都是我身边最亲近的人。我移居到此地，是为了住到一个新的地方，获得一个新身份，建立一套新的关系。"[46] 20 世纪 60 年代，卢戈内斯逃离阿根廷来到美国，在这里攻读哲学，先后获得了学士和博士学位。1972—1994 年间她在卡尔顿学院教书，后转投纽约州立大学宾汉顿分校，在那里任教直至 2020 年去世。[47]

卢戈内斯操心的是愤怒如何讲述了她，又如何塑造了她："一方面，我觉得自己越来越愤怒，而另一方面，我又始终不喜欢被情绪左右。"[48] 卢戈内斯的内心冲突，我们许多人都很熟悉。在盛怒的魔咒之下，我们或许会觉得自己变成了威利狼，明明已经跑到了悬崖外面，两脚还在蹬个不停，等意识到跑过了头，又懊恼不该离开坚实的地面。*我们盼望能回到温和的人身边，和他们站在同一片土地上。

"最重要的是，"卢戈内斯写道，"我已经不喜欢深陷愤怒不能自拔的状态了。"⁴⁹女性在愤怒时极少能对镜自观，喜欢上自己那副模样。和悲伤或者焦虑相比，愤怒更会使人觉得自己丑陋。或许因为愤怒是一种典型的阳刚情绪，传统上认为是女性不该体验，更谈不上表达的。也许卢戈内斯真的感到难堪。也许她小时候总被大人教导要控制愤怒，吃梨的时候"要有淑女样"，要削皮、切片、丢掉粗粝的部分才行。

然而，随着女性的怒气越来越盛，对于这种不假思索将愤怒斥为丑陋的成见，我们也开始感到愤愤不平了。我们开始明白，一名在商务会议上愤而要求别人倾听的女性或许模样丑，但也不一定如此。只要重新训练双眼在幽暗中观看的能耐，将来的我们或许会得出愤怒也很美的结论。终有一日，当我们真的取得了进步，还会超越这个只关注美丑的领域——这一点我们在某些群体中已经做到：我们通常不评判一个白人男性的愤怒是美是丑，只想问它有没有道理。

---

* 威利狼（Wile E. Coyote）是华纳动画系列"乐一通"（Looney Tunes，兔八哥、达菲鸭都属于该系列）中的一个反派形象。——译注

关于黑暗中的愤怒，卢戈内斯提供了三条睿智见识：

首先，不要再把"愤怒"说成单数。卢戈内斯之前就曾有哲学家提出，"愤怒"有许多名目。比如古希腊人就对愤怒做了区分，并为每一种愤怒分别命了名。其中"义愤"（nemesis）是公正的女儿。她四处飞行，手持短剑，主持正义，纠正不公。她要求物归原主，并为受害的一方讨回应得的东西。[50] orgē（狂怒）是一种强烈到近乎疯狂的怒气，也是塞涅卡和西塞罗十分惧怕的东西。此外还有 mēnis（大怒）、chalepaino（气恼）、kotos（怨恨）和 cholos（幽怨，来自"胆汁"）。[51] 这些不单是用来描述不同愤怒的名称，在古希腊，其中一些还被描绘成昂扬而非沮丧的情感。[52] 当卢戈内斯提醒我们愤怒有许多种时，她是在接续一个我们已经忘怀的悠久传统，这个传统起码尊重了愤怒的多样性。

"愤怒有好些种"的观念可以解释许多事情。比如它可以解释，为什么有些人虽然认同了洛德说的愤怒是一件健康且理性的政治工具，却仍然觉得自己发怒的样子很丑。比如我脑袋里就老有个声音在唠叨，提醒我小时候一上餐桌吃饭就紧张，还说我肯定继承了父亲的愤怒；这声音不全是错的。我的愤怒有时确实会伤到我的孩子，有时也伤到我自己。单是在愤怒上扭转立场并将幽暗归结为一种新的光明，不会有什么帮助。而现在有卢戈内斯的启发，我们或许可以开始谈论"不满"和"义愤"有何不同，而不只是区分"他们的愤怒"和"我们的愤怒"了。"任何愤怒都是愤怒"的说法是错的：每一次发怒，都应该探究它的历史、源头、效果和产出，从而判定它是不是丑陋。

"愤怒有好些种"的观念，还能解释我们为何能断定国会大厦暴乱分子的愤怒是丑陋的。这种结论并不是反愤怒宣传放出的烟幕。关键是要承认人的愤怒是复杂的，不能不尊重其中的复杂性而只是机械地扼杀它们，或将它们一味向警察和政府大楼发泄。

其次，卢戈内斯认同洛德的一个说法，即有些愤怒中"满载着信息"。卢戈内斯观察到，许多女性在陷入"难以应对的愤怒"的同时，"头脑却出奇地清晰"。[53] 她们的言辞"干净、真实，没有因为在意其他人的感受或可能的反应而稀释"。[54] 你有没有过愤怒到极点，头脑反而变清晰了的经历？此时你不再耗费力气约束自己的声音，而是把这股能量用来挑选适合的词句。比如我，当愤怒超过我对形象的关心时，就常会变得能言善道。

最后，卢戈内斯教给了我们两个哲学范畴，有助于我们更清晰地看待愤怒。它们不是"义愤""气恼"这样的愤怒类型，而是运用愤怒的两种方式。第一种她称为"一阶（first-order）愤怒"，是"抗拒的、审慎的、传达性的、回顾式的"。[55] 一阶愤怒的目的是别人的倾听和理解。

小时候有人偷了你的玩具,你尖叫一声"怎么能这样!",就是在表达一阶愤怒。一阶愤怒用于向某人传达某事,那人或许不知道事情的原委,但只要你将抱怨表达得足够清楚,他就会相信你。一阶愤怒能用来描述国会山暴徒的愤怒。但它也能描述"黑人的命也是命"抗议者的愤怒。这两群人都号称要追求公正,双方也都有观点要表达。我们无法预卜一阶愤怒是否合乎道德——这还要参照推理、证据和先例来判断——但这种愤怒肯定是传达性的。一阶愤怒总是想告诉我们些什么。但问题是,它只对那些愿意倾听,且/或有同一套观念的人才有效果。比如,若有人无法理解"黑人的命也是命"抗议者的主张,这种愤怒就会显得莫名其妙:批评者搞不懂黑人在生哪门子气。当然,其中一些人压根没有用心体会,只陷在"黑人的愤怒都是疯狂的"叙述中无法自拔。

当一名女性传达了一阶愤怒,别人却并未如她所愿倾听时,她就可能蓦地爆发出"二阶(second-order)愤怒"。也许一开始你的愤怒是审慎克制的,但接下来你意识到对方并没在听,或是并不在意,于是你的声音就越来越急、越来越响,这时你可能已经滑入了二阶愤怒之中。觉得对方不理解时,你会努力把观点说得更明白,更精确地阐述主张。你想当然地认为,只要话说清楚了,对方自会听进去。可如果这样还不奏效,如果你明明努力过了,却仍落得精神紧张、情绪激动、信心虚掷、满头是汗,你可能就要忍不住"爆炸"了。不过现在有卢戈内斯给你撑腰,你不必再为这一刻感觉羞耻。此时,你的愤怒仅仅是为了实现另一个目的:保护自己。

二阶愤怒不是为了传达任何事情。卢戈内斯形容它是"抗拒的、猛烈的、非传达性的、前瞻的"。[56]当一阶愤怒未被听取或理解,甚至都未获留意,当别人只当你在咆哮着胡言乱语,你就会启用这种愤怒。如果你的谈话对象看不清、搞不懂你发火的理由,只说你是"疯了"或"太情绪化",那么传达的希望往往就破灭了。对方把你塑造成了一股情绪,而不是一个有着连贯主张的人。这时二阶愤怒就能帮上忙了。

卢戈内斯将二阶愤怒称为一种"知晓性体验"(knowing experience)而非传达性体验,说这是一种自我关怀。[57]在二阶愤怒中,你不再尝试说服任何人你的愤怒是正当的。你也不再宣称别人应该对你好点,这世上有太多性别歧视,你受够了、需要缓上一缓等等。我们希望能理解我们的人却没能理解我们,二阶愤怒就是为了在这样的世道里保护我们的。它是疫情最严重时,因为拒戴口罩被请出零售店而光火的那位女士。她虽然仍在发言,却已失去了被人理解的希望,于是她扭动挣扎,尝试将自己和她心目中的不公隔开。二阶愤怒意在抵抗这个世界，在这个世界中，她的形象是疯的，而她的朋友、上司或其他购物者还在努力劝她接受规矩。于是她用幽暗的愤怒将自己包裹，借以摆脱社会惯例的耀眼光芒。和一阶愤怒一样，二阶愤怒未必合乎道德，但也未必不道德。

我们要是感到自己快要疯了，就会在面临此种险境时启用二阶愤怒。[58] 当你意识到你没有让一个人或一群人明白你的意思，你就会停止传达，转而开始维护自己的理智。当一名女性被人洗脑，明明有发怒的原因却被人说成在无理取闹时，她最不应该相信的就是她的愤怒是非理性的、疯狂的或丑陋的。对任何一名愤怒的女性运用这些称号，都是在蓄意用羞辱迫使她屈从。而二阶愤怒是拒绝羞辱，由此使我们顺应自己。二阶愤怒不允许我们认为自己不可理喻，还将不愿相信我们的世界拒之门外。在二阶愤怒中，你可能会大喊大叫，晃动食指，但你的言辞和手势都不再是要向人传达什么，而是将否定者驱走，保护自己免受他们指摘。

我们越是清楚自己感受的是哪种愤怒（是一阶的"义愤"还是二阶的"怨恨"），就越能认识到该如何利用它。古代哲学的那条戒律"认识你自己"至今有效。对自己的种种愤怒加以认识和命名，可以帮助我们判断孰好孰坏，哪些是针对不公的有用反应，哪些又是伪装成愤怒的恐惧。我要是在与某人的交往中运用了一阶的义愤，说明我认为和那人谈论不公可以取得进展。而我要是运用了二阶的怨恨，说明我知道在某个层面上，对方并没有把我的怒气太当回事。

因为从父亲那里继承了大量的怒气，我一度对自己的愤怒一概不予信任。但在倾听了卢戈内斯之后，我明白了，我的愤怒并不全是丑陋的。只是其中一些需要训练而已。

亚里士多德建议我们训练自身愤怒的时候，用意是让我们学会控制愤怒。当你在愤怒这样的幽暗情绪上照一束光，就会得到这样的建议。照索拉雅·切马利的说法，愤怒管理的种种技巧，都是为了控制"毁灭性的、骇人的盛怒"而发明的，换言之就是为了控制人们一般认为的"男性的愤怒"。古人对女性的愤怒并无研究，今天也没有多少愤怒专家在投入此事。只以典型的男性化视角设想愤怒，就不免得出愤怒需要管控的结论。[59] 而切马利写道："对女性而言，健康的愤怒管理并不要求我们施加更多的控制，反而要更少才对。我们本来就时时在管理愤怒，甚至自己都有没意识到。"[60]

我的新冠之怒正好重合了我写作本章的时间，于是我正好考验一下自己：我要在黑暗中与愤怒共坐，直到能看见新的东西。起初,我照例将自己的愤怒称为"毒药",并反刍着愤怒撕裂家庭的俗见。我又到了一个熟悉的地方。人在愤怒时还会怀揣强烈的羞耻。区别在于,这一次黑暗中不只我孤身一人,还有洛德、胡克斯和卢戈内斯与我并肩而坐。

在一连数小时的思考和写作,流连于自身的幽暗愤怒之后,我终于看见了在光亮之下无法看见的东西。我把它大声说了出来:"我被掏空了(burnt out)。"

说"掏空"和说"残破"完全不同。"残破"意味着我里面有东西坏了,就像石膏板后面爆了一根水管。而"掏空"意味着外部有东西在伤害我们,就像房屋外立面的墙砖被太多雨雪侵蚀了。问题是,我们许多人不能分辨两者:我们感觉到侵蚀,却习惯性地认为那一定来自内部——是我们自己出了问题。

哲学家有一个术语来描述对某些人的声音不予信任和尊重的做法:认识性不公(epistemic injustice)。[61]当某人知道某事,别人也认可他知道此事并给予相应的对待,这就是"认识性公正"。而当某人知道某事,别人却不认可他知道,这就是"认识性不公"。在美国,有色人种女性时常要面对认识性不公,这里的职业哲学家群体素来将"知识"和"光明""男性"并列,要说服他们将知识和"幽暗""女性"相联系,近乎不可能。由于我在美国长大,而美国仍为古代哲学所支配,我总被教导说,一旦感到愤怒就说明我残破了、经前期综合征发作、病了等等。我学到的是对自己的愤怒不要信任。我相信的是残破叙事。

在疫情的隔离阶段开始时，我看到不少媒体文章标题涉及了女性的不利处境——它们都是对"女性正在崩溃"的不同表达。这些评论者中，好些人似乎都在暗示，面对疫情，女性的情绪太脆弱了。这一"较弱的性别"或许对上升的死亡人数过于敏感了。或许我们的水管上有太多"泪眼儿"*，已经爆开了。

不过随着时间推移，我开始看到有文章详细介绍女性在隔离期间糟糕的工作条件：她们一边要全职在家工作，一边还要监管几个小孩上远程网课。多项针对美国双职工家庭的研究显示，女性本来就承担了更多的家务，外出工作又收入较少，而随着疫情蔓延，对女性提出的家务要求更是有增无减。为应对这些要求，女性只能减少工作，离职率创下了历史纪录。这些文章帮我看清，我负担的责任太重了。我的身体在说不——现在回想，它的声音是那样响亮而清晰。从古代哲学之光下遁走，也帮到了我。

一旦我决定了信任洛德、胡克斯和卢戈内斯，她们就开始帮我顺应自己。我将内心的愤怒认作了卢戈内斯所说的那种

---

* 原文 tears，双关"眼泪"/tɪr/ 和"裂口"/ter/。——编注

"知晓性"愤怒。它察觉了强加在我身上的额外期望并加以抗拒。原来我的愤怒一直是二阶的"怨恨"——只是怨恨自己处境不公，并不想传达什么。倾听自己的愤怒帮助了我。我没有再浪费一分钟斥责自己，而是开始索取、要求，为自己争取更多时间。我开始传达我的需求，将二阶愤怒转化成一阶愤怒。所幸，结果确实令我满意。我不再洗碗了，居家教育孩子的任务也少了一半，我们拜托先生的家人来照看孩子，让我暂得了三天空闲。

不是人人都能获得自身的愤怒所要求的解脱。但要是因为结果不如己意就否定自己的愤怒，你就错了。愤怒有保护我们的作用，能使我们在不公的现实处境中站稳脚跟。有人说如果不能改变处境，再怎么怒也没用，对此洛德、胡克斯和卢戈内斯不会同意。愤怒的一个作用是维护尊严。一位已婚女性如果总是遭伴侣纠正语气或是洗脑，她的愤怒就会从希望得到结果的一阶愤怒，转变成不再追求如愿，退而维护尊严的二阶愤怒。明白了这个分别，有助于她决定是留是去。

如果继续听任那些光明贩子告诉我们愤怒在默认情况下就是丑陋、疯狂、非理性的，我们就会丧失争取公正的一种手段。如果不是到洛德、卢戈内斯和胡克斯那里寻求庇护，我们就可能丧失自我，并失掉在幽暗中看清事态的机会。我们会继续和自己作对，自问那些宣扬光明的人是不是说得对，是不是我们就喜欢负面消极。而若想顺应自己，我们就得学会将"我错在哪里"这个问题换成"我的处境错在哪里"。我们中有些人仍习惯于向内观看，非要在自己身上找出缺漏，这些人需要走向外面、放眼周围。我们会发现，外面正有某人某物准备给自己泼冷水，正要从我们的羞耻中受益。

我从很小的时候就开始强烈怀疑自己的愤怒，学会信任它的过程并不容易。不易动怒的人在一开始多半会觉得这种信任有问题。但是，尊重自己的愤怒能够解放我们，让我们得以向外界发起批判，我们本就有这样批判的自由，若不是被羞耻噤了声的话。我曾经花了许多工夫平息自己的愤怒，做不到就备感自责，其实这些时间本该来用来倾听一番叙事，叙说在我的家庭和所处的社会之中，两性间互动的情形是何等腐朽。要想将自己的一些愤怒看作有尊严的且有可能是正当的，我们需要像卢戈内斯鼓励的那样，训练这些愤怒为我们效力，而不是接受亚里士多德的建议，对它们横加控制。[62]

历史进展到这一步，我们的愤怒已经无可否认，即使对我们之中看法相反的人也是如此。能明白这一点，我们就有了一个选择，不是选择愤怒与否，而是选择将怒气引向内部还是外部，是主动训练它还是因疏于训练而受它连累。下一次你再陷入幽暗的愤怒时，试着不要强自镇定、从一数到十，或是捶打枕头。别再用深呼吸或练瑜伽的法子改善情绪了。就在幽暗中逗留一两个小时，听听自己的愤怒吧。

我们并不孤单。"黑人的命也是命"运动就源自对愤怒的正面理解。虽然奥黛丽·洛德和贝尔·胡克斯的作品还未流行开来，她们却已经重新教育出了数位当代的愤怒倡议者。索拉雅·切马利、布莱妮·库珀（Brittney Cooper）、米莎·切里、丽贝卡·特雷斯特（Rebecca Traistor）和奥丝汀·钱宁·布朗都否定了残破叙事，她们也都在帮助我们理解，为什么幽暗的愤怒是对不公的恰当反应。虽然佛陀教导我们愤怒令人受苦，应当抛弃，当代的达摩导师和佛教徒罗德·欧文斯喇嘛（Lama Rod Owens）却在他2020年的书中为愤怒留了一席之地，书名叫《爱与怒：经由愤怒通向解放之路》（*Love and Rage: The Path of Liberation through Anger*）。[63] 这些新一代的愤怒活动家提醒我们：想寻求公正就要说出不满，即便这会使家里和家外的批评者不悦。虽然愤怒不是一种愉快的情绪，但最起码我们可以挑战成见，不再视它为疯狂、丑陋、非理性的。若能避免在愤怒的同时自我怀疑，我们就可以更加高效地运用愤怒，让它不再"腐蚀我们的内心"——借霍华德·瑟曼（Howard Thurman）的话来说。[64]

不过，在这些当代愤怒活动家出版其首作之前很久，我们已经从奥黛丽·洛德、贝尔·胡克斯和玛丽亚·卢戈内斯那里得知了愤怒在幽暗中的模样。如果你接受了这个"有色三人组"的说法，相信了愤怒是一件个人的和政治的工具，或者说，如果你想要顺应自己，那么你现在就可以忙碌起来，开始发掘内心的诚实，还有同样重要的，开始改变社会。不要忽视或压抑你的愤怒。由于这几位女性留下的遗产，我们中那些向来被禁止生气，更不能表达怒火的人，现在终于有机会在幽暗中了解愤怒了。一旦我们同意在愤怒中落座而不是点亮灯光，我们就会发现，那些将我们困在浴霸灯泡底下将近2500年的古代哲学，虽然口口声声说着我们不该感受愤怒或表达愤怒，其实既不了解我们，也不了解我们的愤怒。

在幽暗中，我们能看到，那些怀有最合理的愤怒的人，往往第一个被贴上非理性、疯狂和丑陋的标签。在幽暗中，我们能看到，对愤怒应该加以训练，而非压抑或管束。要倾听你的愤怒。研究它。命名它。用它来"发掘诚实"。然后将洛德、胡克斯和卢戈内斯的智慧传播给你遇见的每一个被塞了一肚子"白色"哲学的人。

第 2 章

我苦故我在

一次在公园,我抱着啼哭的小娃,一个陌生人对我说,孩子看你理会他们的痛苦,就会哭得更凶,所以最好的办法是置之不理。我记得自己小时候曾听到大人们说"自暴自弃"或者"自怨自艾"。我也碰巧听见过同样的大人对自家孩子说:"得失有命,切勿悻悻。"儿童在成长中听惯了这种话,就会觉得没人想听他抱怨哪里疼,或者看他眼泪汪汪。有些人就是在这样冷酷的世界中长大的,这或许就是他们不愿将自己在身体上、情绪上或心理上的痛苦广而告之的一个原因。

在美国,抑郁的攀升令精神病学家群体十分不安,乃至其他的负面情绪如"强烈的悲伤"都被忽略了。[1]他们主张,悲伤是真实的,值得研究。但细究之下,悲伤在理论和语言上都开始捉摸不定。悲伤既有身体的成分，也有心理和情绪的成分。悲伤（sadness）和痛苦（pain）往往同义，但又不总如此。一般来说，模棱两可的情绪会使人渴望简单。最先读到本章的人老是问我：你这里说的不是忧愁（worry）吗？那里说的不是身体上的疼痛吗？这个不就是悲伤吗？

我想把镜头拉远，好看清身体和情绪的痛楚在哪里交汇，忧愁、悲伤和疼痛又在哪里融合。作为一个双语哲学家，我挑中了一个西班牙语词来标记这片复杂的、无法简单译为英语的灰色区域。西班牙语中有个词 dolor，既指身体上的疼痛，又指它在情绪上的诸位近亲：哀恸、难过、受苦、哀伤（sorrow）、苦楚（distress）和抑郁。情绪和身体，或者说生理和心理间的边界，其实从来不像我们认为的那样清晰，而 dolor 一词能轻松穿越这些界线。dolor 可能出现在你的脚踝、心脏、牙齿或灵魂之上。一位刚离婚的女性，或许会将自己对婚姻终结的感触形容为 dolor。我家的 3 岁孩子见他父亲去上班就哭，他也感受到了 dolor。我自己在 8 岁时被一根牙签刺穿了脚底，当时的感觉同样是 dolor。

帮我拔出牙签的那位女性（一个朋友的母亲）却不以为然。她把我抱进她家厨房的水槽里，替我清洗伤口，还对我说其实没那么痛。那时我明白了一个道理：dolor 除了是脚底的痛，也是心里的，我心里不喜欢被人叫撒谎精。我还明白了诉说痛苦是有风险的。我从此成了一个广大群体中的一员：这个群体都经历过强烈的痛苦，甚至能不时预卜有痛苦的来袭，却又甚少谈论痛苦。和关于愤怒的观念一样，我们关于 dolor 的观念，也主要来自古代希腊和罗马的哲学家。如果你觉得我们的世界在情绪上有一点贫乏，怪他们好了。

在古代雅典，你只要看看人们在哪里聚集，就自然知道他们属于什么哲学流派。亚里士多德的学生信奉"行动重于情感"，他们成天在人身意义上紧跟着老师，老师死后也继续边散步边议论。主张"情感可以控制"的斯多葛派会聚在房屋的前廊，今天只余废墟了。伊壁鸠鲁的追随者聚在他的庭院里，以此躲开城邦生活的恶劣影响。这个场景倒也适宜他们：据说幸福的花只能在伊壁鸠鲁主义的土壤中开放。

伊壁鸠鲁认为，我们觉得不幸，是拜一场酝酿不休的"灵魂风暴"所赐。[2] 他将人的不幸归为两个因素：其一，我们总执着于得到向往的东西；而后真得到了，又整天焦虑，怕它们失去。他注意到，一个人觉得痛苦就感受不到快乐，并且快乐会恼人地被痛苦摧毁。比如我们正拜访年迈的母亲，听她追忆自己的初恋往事，忽然没来由地在她的呼吸中闻到了死亡的气息。我们对自己的伴侣爱得真切，可是有一天，我们却心里一沉，油然升起一股失望。不过好在，伊壁鸠鲁有一张药方能治愈这种"源自向往的痛苦"，那就是不再向往新的事物，也不要忧心失去旧的东西。凭着这张药方，外加庭院里还大可"配备"女人和奴隶，伊壁鸠鲁主义于是大受欢迎。伊壁鸠鲁成了名流，堪比神祇，死后也一直为人传颂。

学期开始时我问我的学生：你们宁愿要善好（good）还是幸福快乐（happy）？贪心的学生两样都要：他们认为，人应该能做到既善好又幸福。我于是说，亚里士多德和他们是一派。还有人单单选择了善。这群人往往有过自我牺牲的经历，他们认为，人都必须选择做一个正派的人还是只顾自己。对于他们，我推荐斯多葛派，因为这一派崇尚美德胜于快乐。第三类学生向往幸福，但也不想显得自私。他们很幸运，总有一个领头的坐在教室后面，耸一耸肩说一声"YOLO"*。"你们属于伊壁鸠鲁派。"我如此回应。

伊壁鸠鲁是一个享乐主义者（Hedonist），就是说，他用快乐来评判一切事物是否善好乃至是否有德。他主张，如果扪心

---

* 千禧一代的措辞（以防哪位朋友不知道），"You Only Live Once"（你只活一次）的缩写。

自问，其实每一个人要的都不过是幸福。他认同斯多葛派的说法，认为幸福是内心的"无忧"（ataraxia）；但他还认为幸福也要"无苦"（aponia），理由是，如果成天惨兮兮，你是不会幸福的。又因为快乐或许短暂，dolor 可能持久，伊壁鸠鲁派力图将快乐放到最大，痛苦减到最小。[3] 在伊壁鸠鲁看来，幸福正是 dolor 的反面。

享乐主义有时受到批评，因为它建议我们一味增加快乐。"伊壁鸠鲁主义者"这几个字，或许使人联想起一名老富翁躺在软榻上，嘴里吃着葡萄，还有一个半裸的年轻奴隶举着一片巨叶为他扇风。我们也用这几个字来形容那些买了第二套宅邸或一座岛屿的好莱坞名流，以及在饭店里豪掷万金吃一顿晚餐的工商大亨们。对富人和名人的肤浅批评往往流于嫉妒，更加敏锐的批判则反对将"快乐最大化"作为人生的目标。

可惜的是，无论是那些挥霍之人还是他们的批评者，好像都没有细读过伊壁鸠鲁。我要宣布一个会令推崇暴富的年轻学子失望的消息：那些社会名流享受的"快乐"，其实并非伊壁鸠鲁在心中与幸福画等号的快乐。真正的伊壁鸠鲁主义者不追求奢靡。他们追求的快乐都是微小、可及且简单的。一个女子在下午 4 点想到晚饭要吃米饭和豆子，于是满口生津，她肯定比另一个已经享用惯了生蚝和凯歌香槟而此刻却负担不起它们的女子要幸福。伊壁鸠鲁表示，如果只向往力所能及的事物，你就能安度人生。与其辛苦增加权力和财富，不如专心精简欲望。幸福既不是赌徒的快感，也不是追逐的兴奋。它是简单的乐趣累加到最大时的那种稳定的快乐。

不过，要保持稳定的幸福，你还得将痛苦减到最小。伊壁鸠鲁承认，"精神折磨是一种难以承受的苦恼"，但"只要掌握了伊壁鸠鲁哲学，就不必再面对这种折磨"。伊壁鸠鲁因此安慰我们，对身体的痛倒不必烦扰，因为那往往不是大碍。*只要尽力减少精神和情绪上的痛苦，拥抱简单而健康的生活方式，就能让灵魂从"烦忧"中解脱，过上"有福的生活"。[4]

你如果觉得伊壁鸠鲁的主张听起来合理，至少也挺亲切，那是因为我们生活于其中的文化，已经继承了"快乐好，痛苦坏"的理念。伊壁鸠鲁主张快乐是一种"内在的善好"，是"有福生活的起点和终点"，这个观点很难否认。谁会对更多的快乐、更少的痛苦说不？走进一家书店，我们不仅能在"战胜消极"区找到伊壁鸠鲁式方法等古代苦乐计算的各种升级版本，在童书区也能看到它们。

2019年出版的《悲伤的小点点》（*A Little Spot of Sadness*），

---

* 伊壁鸠鲁自己的死亡缓慢而痛苦，死因是肾结石堵塞了尿路。

自称是一本关于"共情与恻隐"*的书。[5]作者在献词中告诉孩子们,你们有力量去将"悲伤点点""安抚"成"宁静点点"。作者戴安娜·阿伯(Diane Alber)还说,将悲伤、焦虑和愤怒化作平和之时,就是"我们感觉最好"的时候。她写道,哭出来能让你更舒服些。恻隐和共情就像爱、游玩和创造那样,能抚平一位朋友的"悲伤点点"。阿伯在书的结尾说,有一个简单的方法能抚平你自己的悲伤点点,就是在手心里画圈同时深吸一口气。

阿伯和伊壁鸠鲁一样不想让我们多受痛苦,她还向孩子们推荐了几样减轻 dolor 的工具。她是真心想帮读者,而如果我们还打算继续困在光明喻之中,仍追求将幽暗减到最少,她的工具倒有可能帮我们削足适履。不过话说回来,有人给你提供"工具",意思就是有东西坏了。那么阿伯到底认为,一个悲伤的孩子身上坏了什么东西呢?

戴安娜·阿伯不是心理学家;我们若想知道究竟该如何看待 dolor,最好还是咨询专业人士。我们或许认为,一个鼓吹"白点点好过黑点点"或是"要更多感受幸福,就得更少感受悲伤"

---

* 本书中,共情(empathy)、恻隐(compassion)、同情(sympathy)、怜悯(pity)皆有区别。compassion 严格说应译为"感同身受",统一译为"恻隐"是出于行文考虑。另见本章尾注 22。——编注

第2章 我苦故我在

的说辞，心理学家是看不上眼的。但其实，有一派"积极心理学"（positive psychology）竟也是这样的伊壁鸠鲁主义。

有一本书叫《教出乐观的孩子》（*The Optimistic Child*），主张乐观的孩子比悲观的孩子活得更好。作者马丁·塞利格曼讲了一个故事，旨在说明悲观的危害——但是我想说服各位，这个故事其实揭晓了我们种种 dolor 的复杂本质。乔蒂是一位家庭主妇、全职妈妈，几个孩子已经长大，她打算重返职场。一天夜里在餐桌上，乔蒂向丈夫和十几岁的儿子坦言了自己的焦虑，她担心没人雇用居家近十年的自己。可是，还没等她诉说自己的感受，关切她的丈夫就开始帮她回忆她从前是多么喜欢那份地产经纪人的工作，并说："要不就先给他们打个电话？"[6]

乔蒂说她不想再为那家公司效力了。于是丈夫改变策略，说他们可以写一张单子，列出她的长处和兴趣，再一起头脑风暴，讨论有什么工作适合她。丈夫和儿子说干就干，开始信口说起一位优秀的母亲拥有什么意想不到的"营销点"。他们描述乔蒂的个性，说她"耐心""富有创意""精力充沛"，她丈夫于是建议她去"日托机构"求职。[7]但他很快又意识到，耐心、创意和精力不单在托儿方面适用。赶在他提出下一个主意之前，乔蒂插了一番抗议进去："我感谢你们的帮助，可我觉得那行不通。不管我们想到什么工作，我都要和外面那些人竞争，他们年纪比我小得多，学历比我高得多，也没有离开职场十年之久。人家能聘到训练有素、资质更高的人，为什么还要雇我这个中年家庭主妇？"[8]

乔蒂的丈夫觉得她挺难对付："哎呀，乔蒂，你真是太紧张了。"他并未就此退缩，而是振奋地宣布，乔蒂需要的只是"先动起来"。[9]他建议乔蒂利用这个礼拜打磨简历，再遍览招聘启事。这确实是一条具体的策略。这时儿子也来插嘴，将乔蒂艰巨的求职任务比作让他打扫自己的房间：不就是妈妈教他要从地上拾起所有衣服，再整理书架的吗？乔蒂最后尝试了一次让丈夫和儿子理解自己："这不是我需要有人推一把、先动起来的问题，而是我没有获得聘用的资质，无论你们用多少可爱的小把戏来激励我，根本的问题不会改变。"[10]

乔蒂的丈夫和儿子在努力为她减轻一种特定的dolor，其中混合了她的担忧、自我怀疑，还有她内心更深处的种种不可名状的苦痛。而乔蒂受伤了，她不想让家人抚平她的悲伤点点。每次他们说"你能行的！"，她就回答"我不行"。夜色渐深后，儿子或许是想到了怎么说服她，提起了绘本《小火车头做到了》(*The Little Engine That Could*)。乔蒂多半是在儿子年幼灰心的时候为他读过这本书，现在她要做的只是自己再读一遍。

基于这个故事，塞利格曼论断道，乔蒂是个"忧思的悲观主义者"，始终为"灾难性想法"所困。他同时为乔蒂的家人鼓掌，称赞他们尝试用积极的想法"对抗她的消极"，他们是对的，她错了：她错在持有一种糟糕的"解释风格"，他们的解释风格更优。[11]塞利格曼实际是在表彰乔蒂的丈夫和儿子，说他们提出的关于乔蒂处境的主张胜过她自己的看法。乔蒂对自身处境的解读并不正确，需要几样工具来纠正。乔蒂处在幽暗之中，而她的家人正努力用爱心将她拉向光明。

马丁·塞利格曼的专业地位和受欢迎程度不容低估。他绝非摆弄水晶球和古怪点子的江湖郎中，而是一位开宗立派、屡获嘉奖的职业心理学家，是"积极心理学"的奠基人，也是临床抑郁症方面的专家，他曾在数十年间治疗像乔蒂这样的dolor，这种糅合了情绪、身体、精神和心智方面的痛苦。在《教出乐观的孩子》出版后一年，他又以现代史上的最高票数当选美国心理学会主席。塞利格曼有大量的受众，其（伊壁鸠鲁式）观点也得到了全国专家的接受与认可。

我敢打赌，别的积极心理学家也乐意处理乔蒂的案例，向她展示才干，还有她消极的自我对话在如何破坏她的幸福。他们很擅长向乔蒂这样的人推荐种种工具，让他们改变消极叙事，大胆应聘职位：只要先罗列事实，再注入一点"转变视角"的光亮，直到她意识到自己在雇主面前何等吃香。然而，塞利格曼在宣布完乔蒂犯了客观错误之后就对她不置一词了。他向读者介绍乔蒂，只是用作展示扭曲性思维的一个例子。或许他认为，一个远离职场的中年主妇，找份工作不该有多大问题，一切所需不过是信任自己，向世界昭示她的耐心、创意和精力。照这个逻辑推演，如果乔蒂一直忧思下去，她就肯定无法成功。

塞利格曼治疗过成千上万名痛苦的儿童和成人。他看到过极尽幽暗以致麻木的 dolor，也近距离见识过绝望、灰心和自杀。他对人的关怀不下于伊壁鸠鲁和戴安娜·阿伯，并且也和各位前辈一样，备了一束光芒来照耀我们这些身处幽暗的人。

但是有没有可能，塞利格曼的光芒太过耀眼，使他见了黑暗恐惧症（nyctophobia）也认不出来？又或许乔蒂的丈夫和儿子对她心中的幽暗太惧怕了，当她邀请他们进入时，他们只好用"办法"来搪塞她。乔蒂对自己的职业前景感到伤感或悲观，她有没有可能是对的呢？会不会她的丈夫儿子虽然善于猛出主意，却特别不擅长倾听？乔蒂心情低落（这很常见），他们的反应是用力拉她起来（也很常见）。这个反向动作是怀着爱心、以"平衡"之名做出的：如果有人今天过得糟糕，就用积极的情绪来为他平衡。在伊壁鸠鲁主义的启发下，人们提出了一连串彼此相关的对立状态：快乐对痛苦，悲观对乐观，幸福对伤感。美国也像古希腊那样，常有人说想要幸福就得停止悲伤。我们还听人说，要打败dolor，就该用事实证据去照亮它，消解它。可是乔蒂在求职活动中清楚看到的那些性别歧视、年龄歧视的证据，又该如何消解？

　　危害我们社会的不是将快乐最大化的伊壁鸠鲁式观念，而是一种膝跳反射式的成见，它认为悲伤是幸福的简单对立，要增进幸福必须驱走悲伤。这样想，我们会失去什么？为什么我们努力减少dolor，却反而更痛苦了？

　　让我们在想象中回到乔蒂的故事，看看如果继续追踪伊壁鸠鲁式的光，可能有什么后果。晚饭后，乔蒂想给自己最好的朋友打电话，跟她说说内心五味杂陈的不适情绪。可最终她连电话听筒都没拿起来，因为她知道拨通了会怎么样。那位充满关爱的朋友会说的，不外是她那两个充满关爱的家人会说的话："你肯定没问题！别怀疑自己了！"

　　乔蒂在这当口的每一句话，都会被对方误解为"确认偏差"（confirmation bias），也就是她只会看到那些"确认她对自己、对世界的观点的证据"，任何相反的证据她都会否弃。[12]乔蒂猜想她的真实感受会让大家都不舒服，只好都压了下去。

　　到第二天吃早饭时，乔蒂比往常更加努力地隐藏自己的

dolor。当丈夫和儿子问她感觉如何时，她装出了一个灿烂的微笑。然而等他们离家后，她却一下瘫坐在了餐桌旁。她依然感到悲伤和忧虑，现在还多了孤独和羞耻，羞耻于她无法鼓起家人期待的那份信心。我要是能自信点他们该多高兴呀，她心想：一个坚强的女性即使嗅到了中年危机的气味，也不该这样慌张困扰；一个好妻子、好母亲不会令家人失望。不幸的是，乔蒂的羞耻感既没有改善她的感受，也没有增加她的求职希望。

dolor 并不总能用乐观来消除，却会因羞耻而剧增，而羞耻就来源于对自己的糟糕感觉感觉糟糕。任何一个相信幸福可以自己争取却又陷入悲伤的人，到这时都必须和"软弱、懒惰、不够努力"的感受做斗争。这就是残破叙事。除了原本的惧怕、怀疑和懊悔之外，我们现在又因为令所爱之人失望而产生了羞耻之感，毕竟照残破叙事的说法，那些人的本意只是想帮忙。

一个文化如果只给乔蒂的丈夫和儿子鼓掌，却从不怀疑他们是在将她的情绪拒之门外，那就是一个不会应对 dolor 的文化，事实上，这样的文化不仅不能应对 dolor，还径直把它一扔了事。在一个将悲伤等同于坏的世界里，悲伤的人在劫难逃。每次有人劝你"开心点""不要哭"或者"你肯定没事"，他都是在递一支手电给你，而不是试着把握你的 dolor。而这些老生常谈一旦不能把人拉出苦海，就可能让我们陷入更深的孤独。

心理学家若只将工具推荐给世间的乔蒂而非她们的亲友，就可能因为着眼于治疗沙发上的一棵 dolor 之树，而罔顾一整片社会功能失调的森林。那么，有没有办法能既思考 dolor，又不触发残破叙事呢？

我办公桌上有一张纸片，是我从一本幸福日历上扯下来的，它好似一种新型幸运饼干，但预告的不是你在将来会遇到什么，而是应该做些什么。这些页子除了日期不同，给出的永远是同样的建议："不要谈论你的烦恼。"我想象一个陌生人坐到我的电脑前，读着这条建议，露出了赞许的笑容，满心都是我为了家人、同事乃至我自己，高尚地忍住了牢骚没有发作的样子；想至此处，我自己也得意地笑了出来。这条建议其实想说，如果能将负面情感藏好，不增加彼此的负担，我们就会散播许多爱也收获许多爱。如果我们花更多时间学习隐藏、否认并咽下烦恼，我们一定会更加幸福。

要是让西班牙哲学家米戈尔·德·乌纳穆诺听见这个，或者让他读到乔蒂的故事，他一定会大叫着抗议。他会敦促我们将乔蒂视作一个"carne y hueso"（有血有肉）的女性：乔蒂对 dolor 的表达，其实是在勇敢地争取让家人看见自己。乌纳穆诺能流利运用 14 种语言，自然十分关心沟通。他甚至可能更进一步，指责乔蒂的家人都是"情绪盲"。

米戈尔·德·乌纳穆诺1864年生于毕尔巴鄂（Bilbao），是一场乱伦的产物。他父亲费利克斯（Félix）在40岁上娶了外甥女萨洛梅（Salomé）。费利克斯原本在墨西哥生活工作，当时刚返回西班牙不久。两人共育有六个子女，但因为基因缺陷只有四人存活，后来成为"忧郁守护圣者"的小米戈尔就是其中之一。

费利克斯在这个小儿子还不到6岁时死于肺结核。米戈尔对于父亲印象模糊，表面上看，老爹的死对他似乎没什么影响。但要说在这么小的年纪失去父亲不是乌纳穆诺成年后沉迷于痛苦、磨难和死亡的一个原因，也很难教人相信。乌纳穆诺的全部哲学都染着一层dolor的色彩，他在1913年出版的《生命的悲剧意识》（The Tragic Sense of Life）一书，可以看成是将笛卡尔在1637年的哲学名言"我思故我在"改成了"我苦故我在"。[13]

乌纳穆诺后来娶了青梅竹马的恋人孔查（Concha），两人育有九名子女。其中第六个孩子、蓝眼睛的雷蒙多（Raimundo）得了脑积水，6岁时因脑膜炎去世，这也是米戈尔自己丧父的年龄。在儿子漫长的病程直至死亡的重压下，乌纳穆诺的天主教信仰一度崩塌。这位经历丧子之痛的父亲，人生变成了一场"对死亡的持续沉思"。[14]

乌纳穆诺试着尽可能把文章写得别扭。他坦言："我著作的最大成就，就是使邻人们不得安宁，只要一有可能，我就要搅起他们心底的淤泥，为他们播下剧痛的种子。"[15] 下面就是一次颇为成效的尝试：

> 这位读者，请听清。我虽然不认识你，但对你爱得深重；要是能将你抓在手里，我会打开你的胸膛，把一道口子划在你心当央，再擦上醋和盐，让你再也不知何谓安宁，只能活在持续的剧痛和无尽的渴望之中。[16]

乌纳穆诺对世人的爱并不逊于伊壁鸠鲁、戴安娜·阿伯和马丁·塞利格曼。但和这些人不同，他并不想要医好我们的 dolor。他说，没有痛苦地活着，构不成有意义的人生。他迫切想要我们掘出体内的生与死，痛苦、磨难和渴望，它们原本就在我们心底，就在我们那座"愤怒的军火库"旁边。[17] 乌纳穆诺的作品中最具哲学意味的就是《生命的悲剧意识》，该书试图将西班牙人民从沉睡中刺醒，就像苏格拉底想对雅典人所做的那样。这两位哲学家都尝试以爱之名唤醒民众。

这里要提醒一句：乌纳穆诺的哲学是有些极端的。它不像"情绪的安定"那样容易接受，对有受虐倾向的人可能构成危险。

乌纳穆诺倒不是要我们主动追求dolor，只是坚持要我们在日日夜夜、岁岁年年的生活中不要无视它的到来。我们不必延请苦难，也决不感激它的到来；但我们可以在它到来时大方迎接，而它也必会登门。

乌纳穆诺和孔查在失去他们的蓝眼宝宝时，共享着一种深深的dolor，这种感受没有几对夫妇体会过，体会过还能继续生活的更少之又少。而乌纳穆诺却把它称为"来自绝望的拥抱"，说它能引出"真正的精神之爱"。虽然他14岁就爱上了孔查，虽然两人的肉体已经在婚床上结合，但是照他的说法，他俩的灵魂从未交融无间，"直到哀伤的重杵在同一副苦难之臼中将两颗心捣烂、研碎"。[18]乌纳穆诺还说，他和孔查"在同一副哀恸的枷锁"之下低了头，而这反倒为他们的婚姻开辟了一个新的维度。这时他才发现，dolor带来的不仅仅是伤害。

乌纳穆诺的著名措辞"生命的悲剧意识"指的是每个生物都终有一死的事实。当我们深深关爱的某人死去，我们被独留在废墟之中，充血的双眼到处只看得见dolor。这时我们有两种选择：或是将幽暗减到最少，或是与它一道坐下。伊壁鸠鲁会建议选第一种。那么第二种选项又如何呢？要是和dolor共坐，我们会就此陷入其中无法自拔吗？

到头来，每个人都必须对情绪生活中的幽暗一面采取立场。

第2章 我苦故我在

伊壁鸠鲁主义者提出了关于 dolor 的一种哲学，即幸福和悲伤不能共存，而我上面已经说过，这么想会导向羞耻。乌纳穆诺则提出了另一种哲学，它能帮我们带着 dolor 生活，更好地理解它，把它看作人类共同境况的一个基本成分——人只要还是会痛苦、会死亡的生灵，就势必要面对 dolor。

在美国，写在我日历上的那种建议（"不要谈论你的烦恼"）才是标准答案。你要是表达烦恼，宣布是什么在引起你的痛苦、悲伤和不适，人们就会远远躲开。毕竟 dolor 是很难听下去的。悲哀的是，我们还常会得到另一条信息：就连你的家人，你如果真爱他们，也该对他们隐藏你最幽暗的想法和感受。他们见你悲伤会难以承受，会被带得和你一起悲伤。更坏的是，他们还会因此陷入无助。

如果让乌纳穆诺来做一份日历，我一定会不带嘲讽地裁下这样的引言来展示："每次感到痛苦，我都大喊了出来，而且是当众叫喊。"[19] 他认为，对 dolor 的表达应该视作送给周围人的一件礼物，就仿佛阿里阿德涅在希腊英雄忒修斯进入牛头人的迷宫时，送给他的那一团红线。区别在于，阿里阿德涅的红线是为了引导忒修斯走出迷宫，而我们的红线是为了引导亲友走入这座我们怀着 dolor 独处的迷宫。然而对一个偏爱伊壁鸠鲁主义的社会而言，"向亲友倾吐 dolor 是送给他们的礼物"这种说法显得落后、反主流文化，甚至下作。我姐姐家的宝宝一度会把沾着口水的麦圈送给她作礼物，她都欣然吃了下去。或许乌纳穆诺的理念听起来和这有点相似。

乔蒂的家人没有将她表达的 dolor 视作礼物，因而失却了与一名甚少谈论自身感受的女性交心的机会。他们试图帮她，却反而忽略了她。乔蒂的 dolor 就像一条受了训斥的狗，悄悄缩了回去。我们许多人都和乔蒂很像：虽然我们愿意相信布勒妮·布朗所说的"脆弱是一种力量"，安慰我们的人却老是愤懑地丢掉我们递过去的线头。他们深陷在光明喻之中，只会一个劲地问：我能做些什么？我能怎么解决问题？最后他们只能留我们独守幽暗，在那里我们总禁不住对自己诉说残破叙事。

乌纳穆诺并未将 dolor 看成幸福的反面，他当然也不觉得有必要将它减至最少。他认为，一味地用积极情绪对抗消极情绪，只会断送亲密与联结、共情和恻隐的机会。要是乌纳穆诺今天还活着，他一定会建议我们反抗"积极态度的暴政"。他知道这样说，一些人会报以困惑的神情，正是这些人会乐天地说出"得失有命，切勿悻悻"。[20] 但如果照乌纳穆诺的建议去做，我们就会找到一班同志，他们都认为负面情绪既不残破亦非无用，反而人之所以为人，正是因为有了痛苦、哀伤和丧失。得之我幸，偶尔失之也可以不高兴。

人为什么要谈论自己的烦恼？是为了给生活中的别人一个爱你的机会。哀伤渴望的是承认和表达，不是压制或鼓劲。痛苦是活力的标志，承认痛苦能擦亮眼睛，让我们在痛苦下次坐到餐桌对面时认出它来。痛苦的人没有残破。他们只是痛苦罢了。

乌纳穆诺在儿子去世后还遭受了更多苦难，随之而来的还有更多供他建立苦难哲学的素材。1924 年，他被西班牙政府撤去萨拉曼卡大学校长职务，并流放到了富埃特文图拉岛（Fuerteventura），因为他这个直言不讳的知识分子拒绝向独裁者臣服。六个月后，他逃到法国，在那里坚持了六年流亡生活，以示对米戈尔·普里莫·德里维拉（Miguel Primo de Rivera）政权的抗议。乌纳穆诺在德里维拉去世后回到家乡，却惹出了更大的政治麻烦。他复任校长后主持了一场活动，一名高层佛朗哥分子当场喊出"智慧去死！死亡永生！"的口号。乌纳穆诺没有沉默，而是吼了回去。[21] 这一次政府没有再放逐他，而是将他软禁了起来。

乌纳穆诺没有活过这次惩罚，也没能看到西班牙内战的结束。有人说他是因为公开反对佛朗哥政府被杀害的，也有人说他是自然死亡。乌纳穆诺终年 72 岁，他因为赋予了一个民族悲剧和诗性的身份认同而广受爱戴。他的那些面向大众的作品赞美了西班牙精致的文学、诗歌、音乐和艺术，他希望他的西班牙同胞能复兴艺术和文学的精魂，其中自然也包括对 dolor 的美学欣赏。

乌纳穆诺身后几十年间，他的哲学传播到了拉丁美洲，甚至传到了诺曼·文森特·皮尔的理论大行其道的美国。当时美国正有一群读者在反叛皮尔的《积极思考就是力量》，乌纳穆诺对 dolor 的沉思就在他们中间流传开来。从 20 世纪 60 年代到 80 年代，乌纳穆诺的著作走进了哲学课堂，毕竟对死亡的沉思是哲学课的题中之义。可惜，连乌纳穆诺也不免为光明所伤。随着美国人的黑暗恐惧症越发严重，乌纳穆诺的理念不时髦了。当我对 60 多岁、上过大学的人提起我在课上教授他时，对方会粲然一笑，说自己在哲学课上也读过他。而在 30 多岁的人面前，这样的共鸣就变得稀缺了。

乌纳穆诺认为，dolor 希望人们认可它，而不是忽略它或对它说教。可我们表达出的 dolor 又往往得不到妥善对待，乔蒂就是一例。那些安慰者并不了解，我们表达 dolor 是为了引出恻隐和交心，而不是搬出些"办法"来打发我们。

我们不必像乌纳穆诺那样失去一个孩子才了解情绪上的痛苦，但有时我们确实要去主动感受 dolor。我们不能总在手心里画圈，等着它平息消散。dolor 或许会突然造访，就算你罔顾门铃，也不意味着它会离开你的门口。一个没有 dolor 的世界肯定是更加明朗，但一个更明朗的世界也很可能在情绪上更为枯槁。我们如果将 dolor 误解为"我不对劲"的同义词，就会忽略其中的恻隐元素——既对自己，也对他人。就像忒修斯牵着阿里阿德涅给他的爱心红线走出了幽暗复杂的迷宫，我们也必须抓住所爱之人递来的红线，循着它走进他们那座 dolor 迷宫。

乌纳穆诺说，一旦我们对其他受苦者产生恻隐，这条恻隐之链就会不断延伸。他指出，爱会将它的恻隐对象全都"人格化"，包括树木、动物和昆虫。在他者的 dolor 中，我会认识到众生皆同。他写道：

> 我们只对与自己相似的事物抱有爱意，并由此产生恻隐；在这种情感之下，我们越是发觉某事物与我们相似，对它的爱意也越会滋长。如果我受了触动，对那颗终有一天会消失于夜空的不幸星辰产生了怜悯与爱，那是因为爱与恻隐使我感到它也有一份多少有些模糊的意识，那意识令它受苦，因为它会明白自己不过一颗星星，注定有一天将不复存在。[22]

一旦响应他人的 dolor，我们对他的恻隐与爱便会滋长。[23]

这份爱（乌纳穆诺称之为"精神"之爱）从悲剧中诞生，有时会将人带回一个我们已经疏远了的自我。dolor 能使人张开眼睛，看到之前不曾看见的东西。

乔蒂的丈夫和儿子没能接过她的礼物，因此也没能明白她的处境。她向他俩伸出了双手（只凭语言，这一点已经近乎奇迹），而他们却因为对 dolor 的成见，没有再向她靠近分毫。他们的注意力全放在了斗争而非恻隐上，根本找不着她。她已经递上了一根线，他们却弃之不理。他们的手中只拿满了手电。

乔蒂的家人之所以淡化她的 dolor，也许是相信人与人在昂扬时会比低落时更加亲密。也许乔蒂的丈夫已经在畅想她第一天上班归来后一家人吃晚餐庆祝的场景了。他们该多自豪啊，她该多自豪。那样一个闲适的夜晚，才是深度交心的合适时机。他们会让灯一直亮着。

可人类真是在精神昂扬的时候最容易交心吗？伊壁鸠鲁多半会这么认为，戴安娜·阿伯和马丁·塞利格曼或许也会。乌纳穆诺承认身体的确如此：肉体在"至高的喜悦"中最易结合。但他认为，灵魂就不是这样了。我们的精神反倒在 dolor 中最容易相交。[24] 人们成立互助小组来分担悲哀，那往往也是人们感到获得最多目光的场合。dolor 会把人引到同一副"苦难之臼"中，给我们一个在幽暗中彼此相视的机会。

虽然乔蒂的丈夫想用自己的积极态度鼓舞妻子，但这并不起效。这就是光明面的缺陷：乐观向上的情感会使人盲目，看不见别人受的苦。这要么是因为乐观者本就不想看见痛苦，要么是因为他们没有能力看见（后者是常见情况）。这些乐观者不明白，他们的积极态度反而会把事情弄糟。我们所爱的人要付出相当的努力，才能以足够温柔的心来承接我们的痛苦，尤其是当他们自己并不痛苦的时候；而他们要压抑、否认、拒绝我们的 dolor 却容易得多，我们的社会也鼓励他们这么做。在光明喻中，我们的苦难是对他人快乐的妨害。

悲哀的是，虽然在幽暗中看 dolor 比看快乐更清楚，我们的社会却爱伊壁鸠鲁主义。dolor 能发现一同受苦之人，即使她美黑了皮肤，穿着崭新的牛仔裤。[25] dolor 透过她光亮新鲜的外表，认出了这个"难友"（companion in misery）——借用哲学家阿图尔·叔本华的说法。不理解 dolor 的人只看外在，满以为内心受苦的人相当健康、快乐。但就像在物理世界中一样，眼睛一旦适应，就能更好地在黑暗中看见别人。我们能否发现别人内心的苦（自助产业迟早会称之为一种超能力），取决于我们是否愿意怀着爱意直面自己内心的苦，而非不假思索地论断自己或别人"残破"了。dolor 这部雷达我们无法生造出来，但它的零件我们人人都有，只要耐心练习，谁都能成功组装。

对自己的感受必须诚实，但观察周围也很重要。如果自己就在压抑、无视或刻意削减 dolor，很可能就发觉不了同类之人所受的苦。如果乔蒂的丈夫自己也经历着中年危机，他或许能把乔蒂看得更清楚。那样，他或许会发现：原来你我一样。这个认识或许会在夫妇间引出一场开诚布公的对话。或许他们会就此揭开她过去十年间的矛盾心理。她或许会说："我失去了时间，也失去了口碑。"或许她害怕企业首脑和同事将她看作一个依附家庭的主妇，而不是一个有才干的个人。"这不公平。"她或许会补充说，"职场不该看不起上了点年纪的女性。这个社会对我们这样过了 50 岁还想拥有事业的人太苛刻了。"如果丈夫和儿子愿意再听下去，乔蒂或许还会说出那个未实现的愿望：她本来想既做好全职母亲，又保留一份全职工作。她会说，她当初不想错过孩子的成长，但也不想辞掉工作。

"在这个国家，"她或许会说下去，"他们逼你二选一。现在要由我来承受选择的代价。现如今，我无论有多少创意、多少耐心，就算我还有你们认为的充沛精力，都已经比不过一个 30 岁的青年了。我并不后悔待在家里，但过去这十年里，我都在为职场角色的自己而悲痛。"在那晚的餐桌上，乔蒂本可以在家人面前做一个完整的人，而不单单是扮演"妻子"和"母亲"的角色——只要家人把光调暗一些。

疑虑不会因为有人劝你不要担忧就消散，但只要你觉察到对方不是要淡化它们，这些疑虑就可能放松对你的控制。要是乔蒂的家人能像我假设的那样继续"敞开心扉"，他们会更加亲密。乔蒂会相信她不必再隐藏担忧，或是为了家人摆出"勇敢"的面孔。她会相信家人应付得了她的悲伤、怀疑和愤懑。她会知道她不必独自面对 dolor。她的丈夫和儿子也是一样，他们会感到更安全，也更愿意对彼此、对乔蒂流露脆弱。要是我们不再压抑 dolor，开始常常聊它，人与人之间会涌出怎样精彩的对话？

乌纳穆诺称许 dolor 增强人际联结的属性，可见我们不应将 dolor 看成是熬炼出来危害彼此的毒药，而应视其为自然赋予的一杯哀伤，我们将其交相传递，有时还共饮一口。从乌纳穆诺那里，我们可以采纳一种不再与 dolor 对抗的信念。当我们自感陷入了一种 dolor 情绪，不妨看看周围，响应一下别人发出的侧隐召唤。这些时候，我们就可以练习接住那根红线，将它握在手里。乌纳穆诺在布勒妮·布朗之前一百年就喜欢大声诉说 dolor，他想必会同意今日布朗的一个流传甚广的观念：人的脆弱，是力量而非软弱的表现。如果乌纳穆诺是对的，如果真正的爱是要彼此分享内心的哭声，那么这些分担痛苦的时刻，就可以看作"通往心灵联结之路"了。

在兄弟姐妹中间，我大概是唯一希望看到父亲病情加重的那个。他在一年前心肌梗死，紧跟着中了风，至今还在恢复过程中。我父亲对身体上的疼痛素来不陌生——我听说他年轻时有一次手臂骨折却没去看医生，还有一次在溜冰时摔伤了脚踝，当时布朗克斯（Bronx）正值暴雪，他在家等了整整两天才去了急诊室。和我父亲一样，许多医生也不愿上医院看病，因为他们习惯了站在检查台的另一侧。父亲是病理科医生，他的检查台在太平间。在他中风前的40年间，我从未听他抱怨过身体上的痛或是精神上的苦。

在重症监护病房里，85岁的父亲体验到了dolor。当针头刺入静脉，血从体内抽出，他现出了苦相。此时的他虽然比任何时候都更接近死亡，我却从未在他身上见过如此富有人味的活力。我之前都以为父亲对疼痛有着超常的耐受，因此和他聊我自己的疼痛时总感到心虚。我借别的话题和他联络感情，比如我们都喜爱的文学和诗歌之类。随着他年纪增长、脾气收敛，我们的关系更平和了，可我仍没见过父亲脆弱的一面，直到他将dolor表露出来的那一刻。

在医院里，父亲经历了许多和他的过去有关的黑暗时刻，也体验了几许自责和无端疑惧。这对于他这个类型的中风算是正常现象。我在一旁看得又是悲伤又是兴奋。我从来没见过他流露这么多的情绪——不,更确切地说是从没见过他流露这么多愤怒之外的情绪。

有一天我去看他,他的情况变得极糟,血钾降到了危急的水平。医生试了给他口服钾盐,但并不见效,于是决定静脉给药——他曾因为自己年迈而拒绝插鼻饲管,于是唯一的途径就是从胳膊给药了。但网上又说从这地方补钾非常可怕,因为会刺痛。我读过几则报告,都说有些成年男子因疼痛难忍而停止了输液。我还听说,氯化钾是注射死刑用混合药剂中的一种物质。当滴液开始,父亲一发不可收拾地喊叫起来:"¡No me abusen! ¡Sean buenas conmigo! ¡Por favor!"(别虐待我!对我好点!求求你们!)我听得心如刀绞,但看身边一众医护的举止,却似只当他是一个大号婴儿。我看得出父亲很是吃痛,到了要当众喊出来的地步。他和乌纳穆诺一样,被自己的痛苦赋予了人味,对此我觉得感激。他终于在教我该怎么喊出来,在什么时候喊出来了。乌纳穆诺也曾将内心的呼喊公之于众,"好振动别人的心弦"。[26] 从父亲的心弦上奏出的悲苦和声在我心里引发了共振,使我暂时能在一个新的方向上更贴近他了。要是没有这样的呼喊,我对他不会这么了解。当众喊叫不是一定使人亲近,但有促进作用。乔蒂也喊了,只是没有人听见。要是有人听见,结果会不同吗?

在医院电梯里我问一名身穿刷手服的男性：周围充斥痛苦，他怎么能安心工作？比如我刚刚就看到，一对男女在走廊里相拥着轻轻哭泣。可是他说，他看到的情形正好相反：即使在病情最重的患者身上，依然存在着喜悦和希望。我不知道这位男性的经历是否会动摇我关于 dolor、恻隐和心意联结的乌纳穆诺式理论。但我随即明白，对疾病的接纳会将人置于一种立场，使他们能一同接受"来自绝望的拥抱"。喜悦和希望不必是光明的。或许，那位身穿刷手服的男性偶尔目睹的，不是对于痛苦和死亡的否认，而是因为更新或强化了人际纽带而产生的喜悦和希望。身心的痛苦或许会将我们磨肿磨破，可一旦厚厚的表皮脱落，我们就对别人的痛敏感起来。悲伤不是幸福的反面。

四个月后，父亲开始居家恢复，人也再度变得安静、内敛，也更加清醒。他不愿再握我的手，或是躺在床上听我给他念诗了。当他恢复到能够每天穿戴整齐、自行梳洗，便又和我进一步疏远。我们相处得依然不错，可是一旦他找回了羞耻感，脆弱的一面就整个消失了。

我这个女儿是何其残忍，竟希望父亲得病？但其实我不是残忍。我是想牵住他的手，但可惜这只在他生病时才会发生。我在父亲病中最脆弱的阶段体会到了喜悦和交心——这也是一种恢复吧。而现在，当他在传统的意义上不断"恢复"，就又变回了那个不聊 dolor 的男人。只有在病中,他才会向我伸手讨要温柔的人类牵绊。当然,疾病不是心灵联结的先决条件,但脆弱是——这份脆弱会避开光明,只在幽暗中露头。最好的当然是我们能在和死亡照面之前先挣脱掉几层硬壳。但是在这样一个世界,有幸福日历教导我们不要自叙烦恼,要做到这一点实在很难。即便人真能在弥留的床榻边重聚并且和解,那也是先行经历了几十年压抑的懊悔、情感掩饰,以及静默的 dolor。

透过乌纳穆诺的镜片来看,dolor 不再是残破的标志。它是一种能引导我们对所爱之人大声呼喊的骚动。但对方也不总是能听见我们的呼喊。哀伤能让彼此更容易交心,但乌纳穆诺对此也绝不保证。他反而问道,为何交心不能每次都发生?他的回答很严酷:"要是(对方)没有心弦,或是心弦僵硬到了无法振动的程度",那就没法子了。他愤愤地说:"那样凭我再怎么呼喊也激不起共振。"[27]

我宁愿相信我们所爱的人都有心弦,只是其中一些人年复一年被教导要无视痛苦,要抚平悲伤点点,于是心弦已然僵化。我们都听过怀着最好的本心给出的蹩脚建议,情绪生活也因之多蒙苦难。

即便我们已经在幽暗中生活有日,多数人还是在其中观看的新手。但在这方面,乌纳穆诺这样的哲学家能帮我们。他的

dolor质问我们心弦是否已经僵化，还教导我们爱是倾听，而非逃避或空洞的鼓劲。情绪上的痛苦能降低我们的戒备，使我们在情绪上更加诚实，也许诚实到我们从未到达过的程度。

乌纳穆诺的智慧，有哪些是乔蒂的家人可以吸收，就连塞利格曼也可以学习的呢？要是让乌纳穆诺来决定乔蒂的家人那晚在餐桌上如何应对她的dolor，他或许会这样安排：乔蒂先是表达了怀疑和忧虑，说她这个年纪未必能找到好工作了。这时她的丈夫和儿子压住了自我保护的反射式冲动，他们没有在乔蒂的幽暗上照一束光，而是顺应了她，认真倾听。他们实在地提问，把她的话奉若圣言。当三人在幽暗中共坐，丈夫和儿子真正开始专心了起来。他们问她最担忧什么："是觉得工作时间不好安排，怀疑自己能力不足，还是对多了个上司有些压力？"

洞穴里有大片的沉默，三人在沉默中聆听、感受、思索。他们给了乔蒂充足的空间说出她的想法，甚至听任她一遍遍重复同样的话，只要那能帮她适应周围的幽暗，渐渐认清自己的感受。乔蒂发现，自己的问题不单是自尊过低。丈夫和儿子也在倾听中明白了许多有识的年长女性早就明白的事：在家留守十年，会令一名主妇在求职中遭遇劣势。乔蒂没有错。她不是一个忧思的悲观主义者，她的感受是有道理的。然后，就像有魔法似的，丈夫和儿子的心弦开始振动：乔蒂的话触动了他们。

丈夫牵起了她的手。他问她，是不是觉得自己落后了、老了，或是没才干了。三颗心协奏起来。

"当初脱下职业装拿起吐奶巾肯定很难吧。"

他们向更深处走去。

"你是不是希望当年没有退出职场？"

乔蒂感觉周围换了一片天地。她将心中的矛盾和盘托出，不再怕会冒犯他们了。

"不是的，再来一次我还是会辞职。可我也希望能既有一份成功的职业，又做好我所向往的母亲角色。我不认为这些年都是白费，但它们对我的确是损失，不光在其他人眼里如此，我自己也这么想。有时候我真希望我们生活在丹麦或瑞典，那些国家会帮你兼顾两头。在这儿我就必须二选一，现在还要为选择付出代价，我觉得这不公平。"

"你说得对。"丈夫儿子附和，他们的情商时刻在上升。他们明白，你不必夺走一个人的dolor也能给予她收获恻隐的喜悦。伊壁鸠鲁主义者想错了：好与不好的感受可以同时体会。我们在感觉糟糕时，也会因为知道了亲爱之人不会逃避而快乐。

和谐的心弦，彼此只会肯定而不会否定。它们会基于心意的联结而共振。看到家人能坐下来听自己说完并给予肯定，乔蒂觉得自己和他们更亲近了，更被他们理解了，自己的想法也得到了印证。她说出了自己的 dolor，没有人把她的话堵回嗓子眼。乔蒂的 dolor 得到了倾听而非申斥，现在她可以舒展拳头，思考真的找到一份工作的可能了。在用语言梳理过自己的 dolor 后，她甚至可能产生了新的想法：作为一名更加成熟的女性，她会想在什么领域追求事业。当天夜里，乔蒂怀着松弛灵动的感受躺到床上。她很感激家人，谢谢他们放下手电，接过了她的线头。这天夜里，他们在幽暗中看见了彼此。

一次，我的一个朋友见到她 5 岁的儿子在枕头上划了几张悲伤的面孔。她非常错愕。这条信息是这样简单直白，令她自责不堪。孩子的 dolor 是对她育儿方式的控诉，那只枕头证明了她没能让他幸福。我那位朋友心想，向儿子打听那些凄惨的面孔就太可悲了，于是假装什么也没看见。

无视 dolor 固然是常见的举动，但我那位朋友如果不这么做，而是接过儿子满怀信任递来的线头呢？她本可以走近一步，看见幽暗中的他，只要她能说上一句："你好像不开心啊。"

在幽暗中依偎是获得"夜视力"的良好开端。不过要掌握这门技艺，我们还必须相信 dolor 只在光明之下才显得如同失败。到了幽暗里，它反倒会呈现出心弦共振、精神相交的模样。

否认、掩藏或淡化 dolor，就是在堵死别人走近自己的机会。更糟的是，我们还会因此变得笨拙、难堪。我们必须获得夜视力,既为自己,更为他人。如果想让我们的孩子、伴侣或友人谈论 dolor,我们必须乐于去调暗灯光,让眼睛适应幽暗。

而最需要夜视力的场合,就是在我们哀恸的时候——那是活人面对死亡时的 dolor。

第 3 章

倔强地哀恸

我有次无意中听到一个朋友对一名刚刚丧妻的鳏夫说:"我真佩服你能这么快缓过来。"那男人四天前妻子新丧,他当时正用自己知道的唯一方式消化情绪:洗碗以及料理后事。我朋友还说:"真好,你这么忙,够振作。"不知那位鳏夫听了这话,会感觉好一些还是更糟。或许他会感到自己受了重视,仿佛他的努力不是在白费时间或精力。或许他很看重自己的做事效率,很感激自己没有在丧妻之余失去自理能力。或许他还希望能获得一枚金星,以表彰他的哀恸(grief)适度合宜。又或许,他只是感到了要努力走出来的压力。

后来我问那个朋友,要是那位鳏夫整天什么也不做,只是一味哭泣,他还会这么佩服他吗?要是他连碗都不洗了,每晚只吃纸盒子里的达美乐比萨呢？再假设他穿着妻子的睡袍入眠，然后整天穿着它走来走去呢？抑或他阖上了家里的每扇百叶窗，拒不接听电话呢？就哀恸反应而言，在妻子死后不再洗碗，难道不和坚持洗碗一样是令人"佩服"的哀恸方式？

有些人支持鳏夫的崩溃权，但这类人多半不会用"崩溃"一词，因此也不会说人家"够振作"。他们也多半不会用"令人佩服"来形容任何一种哀恸方式。我不知道在美国有多少这样的情绪叛逆分子，毕竟在这个国家，春季大扫除式的哀恸比悲伤的哀恸更令亲朋佩服，你要总是悲悲切切，人家还会悄悄议论你的精神状况。为什么那些个旁人如此执着于让哀恸者忙碌起来？

我那位朋友并不是要说崩溃是一种糟糕的哀恸反应。他是真的惊讶于那位鳏夫竟能那么"好"地悼亡，他承认他没想到对方竟那么"坚强"。在这个世界上，光明喻宣布保持忙碌的人是值得佩服的，残破叙事也毫不犹豫地告诉无所事事的哀恸者是他们自己有缺陷。哀恸者会受到社会的教训（还可能将其内化成自己的价值观），说他们在对哀恸低头，而没有去主宰它：他们的哀恸方式错了。

我的朋友和那位鳏夫都从小就被灌输，所谓坚强就是要硬挺过去。不光他们，还有延绵众多世代的千百万人，都被教导说面对哀恸的健康做法是保持积极，不能任由自己被哀恸拖垮。

社会科学家莉亚特·格拉内克（Leeat Granek）认为，这种态度如果为医生所采纳，就叫作"哀恸的病理化"。通常，医生在治疗哀恸时，"目标是使哀恸者'多快好省'地回归生活和工作"。[1]保险公司当然也希望治疗能有结束的日子。在他们看来，一个能够迅速而干脆地完成悼念的人，比一个拖拖拉拉的人更加健康和成功。可是，难道保持忙碌就是唯一合理的哀恸方式吗？难道每位哀恸者都必须去洗碗刷碟才行？

梅根·迪瓦恩（Megan Devine）是研究哀恸的专家，我们后面还会听到她的观点，当她自己陷入哀恸时，别人告诉她出去跳舞才是正事。当时距她的伴侣溺水而亡才短短几天。这是光明喻在强扭她留在生活的阳光面，要是她拒绝，残破叙事也做好了攻击准备。但后来，她却留着两人睡过的床单一年没洗，我们一会儿还会看到，她是如何为自己的每一分钟哀恸辩护的。

我很害怕自己第一次面对真正哀恸时的反应，但我怕的不是死亡激起的那种 dolor。我怕的是，等轮到我时，我自认会瘫倒在地，而不是站到水槽前洗刷刷，而我又听过也读过太多羞辱哀恸的叙事，不相信自己能得到宽容。我们的社会已经深陷于一种压抑情绪的哀恸哲学之中，谁要是为支持崩溃的哲学——借用当代作家凯瑟琳·梅（Katherine May）的说法，那是一种"越冬（wintering）哲学"——留出空间，准没好日子过。[2]

*

和愤怒以及我们在上一章考察的形式多样、彼此纠缠的 dolor 一样，古代希腊和罗马哲学的光芒也是让今人催促哀恸者尽快结束哀恸的原因之一。罗马的斯多葛主义者塞涅卡曾表扬柏拉图对自身愤怒的斥责，他恐怕也会佩服一名忙忙碌碌的鳏夫。公元 40 年，塞涅卡建议他的朋友玛西娅（Marcia）别再为她死去的儿子哀恸了。事情已经过去三年，塞涅卡决心写一封公开信给她，信中将她和另两位丧子的母亲做一番比较。其中第一位母亲，他说"成了幽暗和孤独的密友"，而第二位"将哀伤和她儿子一道放下了"，从此"只在体面的范围内致哀"。[3] 塞涅卡提议玛西娅效仿第二位母亲，倒不是在故意犯浑。他是真的不想看见友人再痛苦了，也认为玛西娅的哀恸是非理性的。塞涅卡最后论断，玛西娅的糟糕感受是她自己选的，这也令他费解：为什么有人会主动想要哀恸三年之久？

根据斯多葛派哲学，我们的愤怒、沮丧、哀恸都是自己的选择。情感不会像亚里士多德宣称的那样，在灵魂中不请自来。所以，我们不应选择感到痛苦。塞涅卡甚至将玛西娅的哀恸比作一种恶行、一种"病态的乐趣"，会使她陷入对苦痛的古怪忠诚。要塞涅卡来说，使玛西娅的哀恸变得幽暗的，不是她对儿子的爱，而是她对 dolor 的爱。

塞涅卡相信，经过三年，玛西娅的哀恸时间已经超出了她的真实感受。他要玛西娅留意她的"哀伤是如何自我更新,并日渐获得新鲜力量的"。[4] 他还建议她效仿动物,因为动物不会"培养"自己的哀恸。[5] 于是一边是玛西娅日日里将哀恸的痂剥得鲜血淋漓,另一边是塞涅卡奋力给她戴"手闷子"。

塞涅卡对幽暗感受的看法或许显得苛刻武断,但如果玛西娅今天还在世的话,她的朋友或精神卫生专业人士依然不免会论断她对自己的哀恸太过执着。对于悼念所爱之人来说,三年早已足够。我们都不想见到有人陷在玛西娅那种不上不下的糟糕境地里,"不愿生也不能死"。[6] 我们或许会得出结论,她的哀恸是亡儿的替身——只有哀恸她还能抱紧和娇惯,只有哀恸她不会忘却或排斥。我们或许为她的人生退化到如此境地而惋惜,或许也希望她能获得世上的各种幸福。而在我们这种文化的光照之下,"幸福"就意味着对她的儿子放手。

哀恸时,照塞涅卡的说法,我们的哭泣既是为了所爱之人,也是为了我们自己和被我们虚掷的时间。我们懊悔没有在亲人在世之时足够珍惜他们。当初我们若是明白,所爱之人也是和我们一样的血肉皮囊,也和我们一样受制于必有一死的自然法则,那我们的哀恸就会缓和些、短暂些了。而塞涅卡的推理是,我们既然知道人皆有死,为什么还要在人真的死去时感到震惊呢?提前准备不就行了吗?他要是知道我班上有几位年轻母亲还没写遗嘱，应该觉得不出所料。读塞涅卡时，她们感到自己在受斥责，但又往往觉得他是对的。

塞涅卡想要帮助的不仅是玛西娅。他也给自己的母亲写了一封安慰信——母亲在他还活着的时候就在为他哀恸了（塞涅卡其时正被流放，因为罗马皇帝卡利古拉指责他和御妹私通）。塞涅卡还曾致信一名为亡兄哀恸的男子。在这两封信中，他都运用了和劝慰玛西娅时相似的论证串。其中的信息也都一致："我们的全部人生都值得我们掉泪：旧的问题还没解决，新的问题已经扑面而至。"[7]他的论证大概是说：死人什么都感觉不到，不需要你的怜惜；活得更久未必更好；你的哀恸也不能起死回生。对他自己的母亲，他还说情形还可以更糟：他还可能死（如果是那样，请参阅给玛西娅的那封信）。这几封安慰信写到最后，塞涅卡都开出了一张药方：去读哲学和诗。

塞涅卡承认他的方法是粗暴的。他选择向哀恸"开战"并"粉碎"之，从而"征服"哀恸。[8]他运用的"疗法绝不温柔，而是剜割和烧灼"。[9]这是他能想到的使哀恸者走出来的唯一法子。不过，塞涅卡仍然尝试了另一种柔软的做法。他提醒玛西娅，人人生来都要受苦：

你生于世上，为的就是这个结局：为了体验丧失和灭

亡，为了感受希望和恐惧，为了搅扰别人和自己，为了
畏惧又渴求死去；而最糟的是，又绝不知晓自己的人生
会经历什么境遇。[10]

他推断说，既然人生已如此痛苦，人又何必选择再添一重
哀恸上去？塞涅卡的论证可谓巨细靡遗。他真的希望人人能实
现"无忧"，然而他又目睹了人类一次次地选择哀恸。

值得一说的是，就哀恸而言，塞涅卡已经算是斯多葛派内
比较宽仁的一位了。他还是允许人哭的——只是哭得要快，哭
罢马上继续生活，并且非必要决不哭。他虽不喜欢流泪，却也
承认"完全禁止哀恸冷酷且不人道"。[11] 不像那些严苛的斯多葛
派，塞涅卡允许适度的哀恸；面对凉薄的指责，他辩解说，他
不会在孩子的葬礼那天擦干母亲的泪水（第二天如何他就不保
证了）。[12]

塞涅卡出生前60年，罗马政治家、偶尔奉行斯多葛主义的
西塞罗就曾对哀恸者发起羞辱，他运用的话术，今天我们肯定
会称之为"有毒男性气概"。比如他说，哀恸之情"软弱且女
性化"[13]，而且是故意为之的。为证明哀恸的故意，西塞罗指出，
许多贵族和军队统帅都能止住眼泪，以免露出"不够男人"的
模样。[14] 看见了吗？他由此推导，哀恸不是一种自发现象，你

可以选择不哀恸。

要让自己免受"软弱且女性化"的哀恸所累,斯多葛派建议我们修炼"勿忘终有一死"心法:日日都要记取你终将不复生存,还要想象自己的亲人已然长逝。这种修炼应该会让依旧活着的你生出感激之情。斯多葛派应该就是那句广为人知的老话的源头:今天就该拥抱关心之人,因为明天就可能失去他们。

我曾在刚为人母的时候践行过斯多葛主义,那时我每天都操练"勿忘终有一死",以防不测。斯多葛派认为,每天沉思死亡,我们就更容易在别人活着的时候珍惜他们。那阵子我老是对自己说,我是会死的,我的父母是会死的,伴侣是会死的。我还曾握着宝宝的小手,满怀着爱意看他在我胸口吮吸,并悄声对他说:你也是会死的。当我在课堂上坦白这些时,学生们都发出紧张的笑声。我这人虽说不太迷信,但那种仪式还是令我冒汗。

如果说塞涅卡还算温柔,那么斯多葛队伍中的那位南方绅士、他的后继者爱比克泰德,就堪称是对他人感受毫无怜惜的直筒子了。"如果你喜欢一只水罐,你就说你喜欢的只是水罐,"他说,"那样它摔碎的时候你就不会烦心。"[15] 由此引申,"如果你正亲吻孩子或妻子,就对自己说你亲的只是一个人,那样当死亡来袭,你就也不会烦心了。"[16]

爱比克泰德这样直白,原因或许是他曾身为奴隶。传说有一次他犯了错,主人对他的惩罚是反扭他的一条腿。他笑着对主人说:"再扭我的腿就断了。"主人还是继续扭,腿果真断了。爱比克泰德平静地问主人:"我不是说了您会把它扭断吗?"[17]

我这个纽约人很喜欢爱比克泰德。他说话直来直去。我从他那里学到,假装我的宝宝会永生不死不单愚蠢,而且体现了一套糟糕的生活公式:如果宝宝死了,这套公式必会得出哀恸的结果。斯多葛派迫切希望能帮助我们顶住塞涅卡所说的人生"风暴"(就是伊壁鸠鲁所说的那场在灵魂中酝酿的风暴的外在版本)。[18]他们主张,只要我们把脑袋里的弦绷得足够紧,就能在生活之舟倾覆时做到镇定又坚韧,并立刻着手修船。做好你妻子会死的预期,这样等她真死了,你就不会扔下碗碟不洗。

虽然我见学生们很受斯多葛派观点的鼓舞、认为情感是该控制,虽然斯多葛派的许多言论确实能帮我们在一个残破的社会中生存,但他们的哀恸规训发出的光芒却实在刺得人要瞎。无论我曾经(现在依然)受斯多葛派多大的吸引(因为他们说出了人生的残酷),我都怀疑塞涅卡的那几封信能给哀恸的收信人送去多少安慰。我不能同意他的说法,即对哀恸要尽量彻底压抑、尽量迅速收拾。塞涅卡的去信,甚至可能因其公开羞辱而使玛西娅这样的哀恸者更加难过。哀恸是一件私人的事,当死亡带走所爱之人，我不会想着保持镇定与坚韧。我也看不出洗碗包含着什么德性。我没必要让任何人佩服。我就是想要毫无歉意地倾覆沉沦的自由。就像蒙田。

1563 年 8 月 17 日，米歇尔·德·蒙田彻夜未眠，眼看着最好的朋友艾蒂安·德·拉博埃西（Étienne de La Boétie）因瘟疫死去。那年蒙田 30 岁，瘟疫已蔓延整个法国南部，但出于对朋友的爱，他冒死留下了。17 年后，蒙田写道："自从那天失去了他，我就一直在疲倦地苟活。"[19]

蒙田对拉博埃西几乎是一见倾心，立刻将他视为了自己的另外一半。两人的友谊历时四年，那也是蒙田一生中最好的四年。[20] 拉博埃西去世之后，蒙田结婚生子，但再没有人能像这位挚友一样与他亲密无间。有人要他解释这份罕见的友谊究竟是怎么回事（当时有不少传言猜测两人的友情不只是精神联结），拉博埃西身上到底有什么东西这么无可取代，蒙田一时失语。"如果硬要我说明为什么爱他，"他坦白道，"我觉得只能勉强这么回答：'因为那个人是他，因为这个人是我。'"[21] 蒙田遇到了一生的知己，这份体验他无法转化为语言。

蒙田的哀恸不是一时的。直到拉博埃西去世近 20 年后，他仍在为自己比朋友长命而哀挽。"任何意义上我俩都是彼此的另一半。我感觉是我把他的一半生命偷走了。"蒙田后来成了名垂青史的散文家，但他始终觉得，他的人生"最多只有一半"。[22]这位长年哀恸的挚友在罗马诗人贺拉斯笔下找到了慰藉：

> 一记不合时宜的重击已经带走了我的部分灵魂，我为何还要在黯然失色的人生中苟延残喘？那一天，倒下的是我们两个。[23]

那天夜里，蒙田没有染上瘟疫，但拉博埃西的死掏空了他。在生命的后29年中，蒙田的心里除了他爱上的新人之外，也始终毫无愧色地装着拉博埃西，拒绝放下这份哀恸。

为捍卫这份经久不衰的哀恸，蒙田还引用了拉丁语诗人卡图卢斯（Catullus）："为珍爱之人哀恸，有何羞耻又有何限度？"[24]这个针对哀恸的问题发自一种更为幽暗的理念：哀恸有什么好羞耻的？蒙田的散文里有惊人的脆弱和私密，比如在有一篇中，他告诉读者哪些东西他吃了会放屁。他在散文中礼赞人的境况，毫无隐藏。蒙田对友人的爱（哪怕会引起闲言碎语）、他几十年对友人的不懈哀恸，都是对尊严的展示。他对自己深切的爱与哀恸毫不歉疚，充分证明了抛开斯多葛主义也能做一个完整的人。我认为这真美好。

第3章 倔强地哀恸

但是按今天的标准，蒙田的哀恸却会被看作一种病。

塞涅卡即使知道了黑猩猩也会带上死去的幼崽，他多半仍会坚持立场，将哀恸看成人对丧亡的非理性反应。[25]斯多葛主义的核心假设是幽暗的情绪皆可避免，这束光芒和其他光芒一起，触发了当代人对种种精神疾病的诊断，焦虑症和抑郁症就是其中两种，最近十年更是将哀恸也囊括了进去。塞涅卡的信札，爱比克泰德借着将婴儿与陶罐相类比给出的建议，还有西塞罗对于军队统帅紧闭嘴唇忍住眼泪的言论，共同奠定了一片古老的基础，当今精神病学的光芒便在此基础上将哀恸列为一种精神障碍。

"持续性复杂丧痛障碍"（persistent complex bereavement disorder）的曾用名是"复杂哀伤障碍"（complicated grief disorder），至今仍在口语中偶尔称为"复杂哀伤症"，在《精神障碍诊断与统计手册（第五版）》（*DSM-5*）中，它列在"抑郁发作伴短暂轻躁狂"和"咖啡因使用障碍"之间，都属于"需要进一步研究的状况"一节。[26]手册的作者指出，这一节的问题都未获正式确认，不应用作临床目的。就是说，"复杂哀伤症"只是一个非正式诊断——但毕竟也是诊断。[27]据悉，美国有近

5%的人口患有复杂哀伤症,它类似焦虑和抑郁,也是女性患者多于男性。看来西塞罗说对了一点:哀恸是女孩子的事。

要称得上持续性复杂丧痛障碍,哀恸必须持续至少12个月,还必须"常常"有下列几种体验:1.持续思念逝者;2.强烈的哀伤和痛苦情绪;3.沉湎于逝者或逝者死时的情况。不难想象,普通人在所爱之人死后一年,都会"常常"有这三种感受。而要构成障碍,丧亲者还须有下列表现中的至少六种:1.难以接受亲友的死;2.不相信或情感麻木;3.难以正面追忆死者;4.对失去爱人感到幽怨或愤怒;5.自责或由此生出的感受;6.回避他人;7.社会生活受阻;8.渴望死去;9.难以信任他人;10.感到孤独或人生没有意义;11.身份感减少;12.不愿发展兴趣。有这么长的一系列标准,在一年之后仍符合其中的六条也不奇怪。

据美国精神病学会(APA)报告,在任意一年中,美国都有近1/5的成年人正在经历某种精神疾病。[28] 在所有诊断中,将哀恸称为疾病似乎最难被接受,部分是因为许多普通人认为强烈的爱和深沉的哀恸都很正常。许多人,包括一些精神卫生从业者,都觉得把哀恸写进一本疾病手册有些别扭——我们认为这是一种普遍的体验。不过,虽然大家都对这一类dolor抱有同情,但自2010年起,研究者还是开展了一些临床试验,而试验的对象也终会被制药公司打上"哀恸药物"的品名。[29]

假使某个我珍重的爱人先我而死,我很可能落入复杂哀伤症患者的类目;假使玛西娅和蒙田在今天接受评估,也肯定会被这样归类。我多半还会被额外开一张羞耻药的处方,开方的不单是社会,还有医学界。DSM就像一个新式的"科学塞涅卡",它告诉"复杂"的哀恸者们,超过95%的其他哀恸者都很快恢复了。在过完12个月前恢复的压力,很可能就是我的"延长哀恸"的原因之一。

塞涅卡兴许羞辱过玛西娅,但他没有把玛西娅的哀恸说成是病。他只是认为那不太理智了。西塞罗也和塞涅卡一样,认为哀恸是非理性的,说它"像任何'心灵扰动'一样只是一种(糟糕的)意见"。[30]但他比塞涅卡更进了一步。在《图斯库兰论辩集》(*Tusculan Disputations*)中,西塞罗花了整整一章把哀恸称为心灵"肿胀"或"发炎"的产物。[31]西塞罗写道,智慧之人有时也会短暂落入歇斯底里之中,变得"狂热"或感到"狂怒",但这时的他们仍算清醒之人,因为他们仍然受理性的支配。相较之下,哀恸就只有病人才能办到了。西塞罗认为,所谓"疯癫"(insanity),就是逃出理性的手掌心。

不像亚里士多德支持适度的情绪,西塞罗一点情绪都不想留。[32]特别是负面情绪,在他那里都是心灵不适的证明——而在古罗马人看来，心灵不适就等于脑子得病。[33] 他还认为，不单负面情绪会使人疯狂，像愿望、欢乐这样的正面情绪也会。要让西塞罗来判断，那么早在拉博埃西活着的时候，蒙田就可以诊断为心灵"肿胀"了，因为两人对彼此的爱过于饥渴，实在不健康。西塞罗认为情绪令人癫狂。它们真的会教人"失心疯"，留下乱跑的身躯，天晓得会做出什么事来。

即使微小的情绪也很危险，虽然西塞罗从经验中得知，哀恸绝不微小，反而是一种极严重的苦楚。[34] 他之所以知道这个——也是朋友们视他为一个差劲的斯多葛主义者的主要原因——是因为真轮到他时，他居然在哀恸中惨败下来。公元前45年，西塞罗的女儿图利娅（Tullia）去世。他差点为女儿凿了一方神龛。他怀疑妻子喜欢女儿不在的生活，于是马上离开了她。[35] 他在自哀中沉沦。[36] 朋友布鲁图斯给他写了封信，说他哀恸时一点不"斯多葛"，请他振作。有人评注说，西塞罗用行动回复了布鲁图斯，"对于那些力劝他放下哀恸，或宣称哀恸有损他精神状态的朋友和同僚，他满怀敌意和怨恨"。[37] 西塞罗是铁了心要狠狠哀恸了。

不过，他也决心要以斯多葛派的方式哀恸。哀恸中的西塞罗写下了他的哀恸哲学，他自认为做得"像个男人"。图利娅死后才两个月，（心灵大概还在发炎的）他就写出了一篇论哀恸的文章。他信誓旦旦地宣称自己在做两件好事：1. 用写作来分心；2. 假装没在悲伤。西塞罗急切地想做个斯多葛派，甚至不愿承认自己沉溺于心中"软弱而女性化"的一面，只因这一面在深深思念女儿。[38]

西塞罗肯定疑心过朋友们说对了。本来他在理论上认同，一旦纠正对死的认知并继续生活，人就不会感到心痛和头痛了。但此时，他又强烈而尴尬地相信女儿的死是一件坏事。是他提出要对哀恸之树伐木断根，现在自己却连斧子都拿不住。[39] 为求心理康泰，他认为人必须把握住自己——但他自己就是无法做到。

把握自己的方法之一，西塞罗认为是阅读和讨论哲学。如前所述，塞涅卡在一个世纪后的那几封安慰信里也说了同样的话。虽然将哲学当作灵魂良药的想法有其缺陷，但西塞罗和塞涅卡都说对了一点：哲学能帮到我们——但如果你将哀恸说成是一棵幽暗的女流之树，需要砍伐，那就连哲学也帮不了你。[40]

为了给西塞罗患上哀恸这种精神疾病的命运盖棺定论，当代学者凯瑟琳·埃文斯（Kathleen Evans）给他下了一份死后诊断，说他罹患的可能是统计上说最女性化的一种精神疾病：重性抑郁障碍（major depressive disorder）。[41] 将哀恸视为非理性的斯多葛主义观点在精神病学中至今仍有相当的市场，但随着时间的推移已经有所变化。1651 年，罗伯特·伯顿（Robert

Burton）称哀恸为一种"短暂的忧郁"，是一种躯体病。[42] 到1917 年，西格蒙德·弗洛伊德提出反驳，主张哀恸根本不是疾病。他虽然承认"哀悼会让生活大大偏离正常态度"，但也说"我们从没想过把它看作一种病理状况，要交付医疗处置"。[43] 弗洛伊德甚至认为，胡乱干预别人的哀恸过程可能伤害他们。[44] 弗洛伊德的论敌、精神病学之父埃米尔·克雷佩林（Emil Kraepelin）则表示反对，他认定哀恸是一种疾病。最终，取胜的是克雷佩林。[45] 克雷佩林是哀恸被生理化、病理化的一大原因。眼下对哀恸药的试验已经开展，它很快又要金钱化了。[46]

DSM 第四版中有所谓的"丧痛排除"（bereavement exclusion）标准，将丧亲引起的类抑郁症状同抑郁症本身做了区分，以便让有明确原因的哀恸和往往无明确原因的抑郁不致混淆。直到 2013 年 *DSM-5* 问世时，美国的心理学家们还在像弗洛伊德一样对待哀恸：视其为人类境况的一个部分。

但这时心理学家也开始动摇了：既然哀恸和重性抑郁障碍有这么多共同症状，负责任的做法难道不是对它们一视同仁吗？毕竟一个人如果一副抑郁的样子，那么他有没有"明确理由"还重要吗？他不是一样在受抑郁之苦吗？这个逻辑的说服力很强，使得一群精神病学家专门应邀来解决这个问题：他们的任务是决定丧痛排除条款应当保留还是删除。

反对删除的人认为，哀恸有时确实表现得好像抑郁，但看待哀恸必须结合情境：你爱的人死了，你为这一丧失而难过是自然且／或合理的。该阵营的人担心的是他们所谓的"将常情医学化"（medicalization of normality），反对将哀恸病理化。[47]

对面阵营则说，过度诊断并非问题所在，我们也不该担心哀恸者会被自动当成抑郁患者治疗。他们说，真正的问题在于哀恸者能否得到药物和治疗。保险公司要求患者必须提供诊断文书，而一个哀恸者如果需要医学诊断才能得到帮助，他就理应得到诊断（即便会导致过度诊断）。[48]"伤痛都是一样的。"这个阵营的人说，人受的苦不该区分高下。[49]他们坚称，多年以来，丧痛排除条款无意间赋予了哀恸者特权，将他们置于那些无法为自己的抑郁找到理由的抑郁患者之上。他们表示，哀恸者向来被视作金发宠儿，而站在他身边的同胞却被塑造成邋遢孩子（多半还懒），对自己的症状说不出一个合理的借口。和哀恸者不同，抑郁者无法说出"我精神没病，我只是在哀恸！"的话。照这个逻辑，删掉丧痛排除条款，就是在和"抑郁就是软弱"的内化观念做斗争了。

2013 年，丧痛排除条款终于从 *DSM* 中删除。如今的哀恸者只要有持续两周以上的抑郁表现，就可以得到重性抑郁障碍的诊断。[50]

你在这个问题上支持哪个阵营,要看你认为精神疾病指称的是一组症状,还是一套与情境相关的感受和行为。它还取决于你对医疗机构的信任程度:假如你的医生一心只为病人,也有充分的时间来为你做多次诊察,每次时长都超过标准的 10 分钟,你或许就不担心自己会得到一个潦草的抑郁诊断。假如你在两周的哀恸之后被诊断为抑郁,你就属于在 2013 年之前会被拒绝治疗的那 5‰ 的人口。[51] 而假如你不想把自己的哀恸称为"抑郁"(即使已经符合诊断标准中的六条),你或许就会觉得你的哀恸被病理化了。在这个社会上,健康就意味着幸福、满足、快乐、能够自理并重返岗位,意味着光,而你却在哀恸两周之后仍紧闭百叶窗,这在我们的医学机构看来未免相当不健康了。

无可否认,哀恸者承受着痛苦。同样无可否认,在一个习惯看到人人都拉开百叶窗的文化中,他们也在蒙羞。我们很容易理解,一个人要是相信了"正常人"只哀恸两周,接着便心情转好,他自然会因为哀恸不能自已而产生残破之感。我们也很容易想象,一个因哀恸而破碎的人,会说自己失调、病态又残破。哀恸者的这些遭遇使人不禁要问:我们能不能截断光明喻,好让残破叙事不再从中产生?能不能另行讲述一种哀恸叙事,以改变社会对哀恸的认知?

C. S. 刘易斯在和乔依·格雷申（Joy Gresham）*结婚之际，就知道妻子会在自己眼前死去。但他不知道这个过程会延绵四年之久，更不知道这份哀恸将粉碎他的信仰。

刘易斯和乔依在医院结婚的时候，乔依正接受癌症治疗。当时是1956年，人人都认为58岁的刘易斯绝不会结婚了。当主持婚礼的神父把他的手放到乔依手上，她的癌症都缓解了。这让刘易斯做了近四年的人夫，也让他对乔依之死的哀恸在外人看来太过深切，毕竟大家都以为他们不过是朋友。刘易斯的表现和许多哀恸者一样：他崩溃了。他还做了其他哀恸者很少做的事情：他为此写了本书。

这本《卿卿如晤》（*A Grief Observed*，直译为"审视哀恸"）见证了哀恸在刘易斯心中搅起的悲伤、愤怒和困惑是何等深沉。它是一面镜子，供在幽暗的哀恸中枯坐的灵魂审视；但它也是一扇窗户，能让我这样未经丧痛之人了解将先逝亲人的灵魂缝进自己的皮肉是何感觉。这本《卿卿如晤》里没有一丝光明，只有一个男人在黑暗中和上帝、和自己缠斗。书中最大的感悟，是哀恸是活着的一部分。不过，最重要的依然是情境。

作家刘易斯有着对上帝过于虔信的盛名。但乔依逝世后，

---

* 格雷申是乔依前夫的姓，她本姓是戴维曼（Davidman）。——编注

他说他眼看着自己的信仰如纸牌屋一般崩塌了。[52] 他倒也没有恢复童年时的无神论,而是变成了一只"野猫","对着主宰者狂猜嘶叫"。[53] 刘易斯不时将上帝称为活体解剖者、宇宙级虐待狂和恶毒的白痴。[54] 他对上帝的尖刻批判肯定连他自己都感到意外,他的信仰从来没经受过这样的试验。

"我本以为信仰的绳索足够结实,但其实它从未真正承受我的重量。"刘易斯写道,"现在它要承受我的重量了,我发现它并不够结实。"[55]

刘易斯最终还是走出了伤痛,发现他和上帝之间"不再关门落锁"。可他也不禁思索,轮到他自己身死灯灭时,他的纸牌屋是否会再次坍塌。答案是不会,但他要再等两年才会知晓。[56]

刘易斯的哀恸不仅捶打了他的信仰,也暴露了一种过分简化的神学。多年来他一直告诉别人,他们死去的爱人去了"更好的地方"。和现在的许多人一样,他满以为这些话能使哀恸者宽慰。但后来他意识到,他这些年传递给别人的这根慰问接力棒已经裂出了尖茬。刘易斯切身感受到了他从前送出的安慰是多么笨拙,又多么危险。

刘易斯随口说出的安慰有着宗教的本质,这也是为什么当某个朋友或同仁想把这根接力棒回传给他时,他会奋力拒绝。每当有人说起乔依去了一个更好的地方,或是他死后会与乔依团

聚,也就是每当有人想把他带入光明之中时,他总会厉声回复:

> 对我说宗教的真相我会欣然听取,告诉我宗教的义务我也洗耳恭听。但别来跟我说什么宗教的慰藉,不然我会怀疑你根本不懂。[57]

所谓地上的一切都会在死后重生,所谓天堂里有"抽不完的雪茄",这种观念使刘易斯十分反感,因为这正是他曾经的向往。[58] 如今这反倒成了他无法再说服自己相信的妄念。这枚他曾经向读者和信众欣然推荐的信仰药丸,在乔依死后,加多少糖他也吞不下去了。

如果你和塞涅卡、西塞罗及早年的刘易斯一样,也认为哀恸是一棵威胁整片森林的入侵之树,你就很可能会迅速出手将它伐倒。而你要是像玛西娅、蒙田及老年的刘易斯,认为哀恸能防止你的爱蒸发消散,那么在这个老想给你递斧子的世界上,你的哀恸时光也会很难。不管多少朋友努力将刘易斯拖入基督教的甜美之光,都帮不了他。用一束火光照亮他的洞穴,并不能缓解他的哀恸,反而会令他感到羞耻。《卿卿如晤》是一本了不起的书,不单因为它写尽了哀恸的种种,还因为它写透了身边的亲友一心只想送来光明时,反而给哀恸者造成的羞耻。

西塞罗失去女儿图利娅后过了两千年,刘易斯也走到了西塞罗曾经面对的那道深渊跟前——深渊的两侧分别是他自认为相信的和他真正相信的,是他想要自己相信的和他能够相信的。这道深渊出其不意地向所有人显现。像西塞罗一样,刘易斯本以为已经足够了解自己,直到有亲人死去才发现并非如此。

就连写这本书时,刘易斯仍能感到周围人见他到时的那种尴尬。[59]他知道他让故旧们感到不舒服了,但他对自己的悲伤并不掩饰。刘易斯看得出人家并不想看到他那些又深又暗的感受。他自己也不想看。于是,每当不在咒骂上帝是恶毒白痴时,他就会因沉溺于哀伤而自我鞭挞。"别老是感受、感受、感受,还是清醒下来思考吧。"[60]作为知识分子也作为凡人,刘易斯被思考和感受左右拉扯,他蒙受着内心的溃散,同时又希望能维系它的完好。

刘易斯年轻时就见识过战争的种种邪恶,以及它们怎样摧毁了幸存士兵的精神,于是决意不再多加关注自己的内心生活。他在战后不久写了封信,忠告一位朋友兼战友:"不要沉溺于反省和忧思。要专心工作,保持理智,多去户外……我们的精神健康仅靠一线维系,任何事都不值得我们威胁到它。"[61]年轻的刘易斯努力不让沉溺之情危害精神健康,老来却放松了警惕。就像年轻的刘易斯认为自慰是一宗大罪,却依然频频自慰难以自拔一样，老年刘易斯哪怕早就决心不去撩拨哀恸，也无法将它从内心驱散。

刘易斯的继子道格拉斯·格雷申在他为《卿卿如晤》撰写的引言中，澄清了他和杰克（朋友们对刘易斯的昵称）之间的一个长期误会。刘易斯在书的正文中写道，每当他想和两个继子谈谈乔依，"他们的脸上便冒出一种神情，那不是哀恸，也不是爱或怜悯，而是情感绝缘的人露出的最要命的神情，尴尬；看他们的样子，就好像我在做什么不体面的事"。[62] 为了让他们免受尴尬，刘易斯决心不再和他们谈论哀恸或乔依的话题。但道格拉斯写道，被刘易斯认作尴尬的表情，其实是羞耻。

"我知道，要是杰克和我说起我母亲，我就会哭得停不下来，更糟的是，他也会。"道格拉斯责怪英国预备小学体制对他长达七年的"灌输"，使他觉得"对我来说最羞耻的事，就是在公开场合流泪"。[63] 今天，我们把道格拉斯从小吸收的这种教训称为"有毒男性气概"，我们也知道，被教导不许哭的不仅有当时的英国男孩。但这种 20 世纪中叶的"硬汉"范型，让男性无论是成人还是孩童，都只能独自感受哀恸和羞耻。就格雷申家的两个男孩而言，情况又格外悲惨，因为母亲死时他们都才十几岁。[64] 他们的哀恸找不到见容于社会的出口，道格拉斯·格雷申自述他直到 30 年后才能不感到羞耻地痛哭。[65] 压抑的男孩长成了压抑的男人，他们从小就被告知不要像女孩似的哭哭啼啼，我儿子的棒球教练也是这么教育他儿子的——这都已经2021年了。

刘易斯为自己因哀恸而暴躁感到羞愧，这有其恰当之处：因为他读懂了周围的气氛。但他也认为，自己这本诚实得教人尴尬的作品或许能帮到别人。他一度很难找到出版商。T. S. 艾略特根本不想碰这本书，直到知道了作者是刘易斯才愿意看看。即便如此，刘易斯还是只能用化名出版。这本署名"N. W. 克拉克（Clerk）"的《卿卿如晤》果然像投下了一枚炸弹。据说约克大主教的评价是"矫情肉麻，不够男人"，嫌它流露了太多阴暗的感受。[66]正如刘易斯的传记作者威尔逊（A. N. Wilson）所言："大家都不确定，是否应该任由这位不知何许人也的N. W. 克拉克用他的不幸来给世界增添重担。"[67]那是1961年，广大读者还没有准备好接受《卿卿如晤》中那样强烈的dolor。他们的情绪尚未开蒙，无法欣赏这份用批评者的话说"非常私密的文件"。[68]

哀恸羞辱是对哀恸者的二次诅咒：原本已经承受哀恸之苦的人，外间还要他们对自己的痛苦感觉更糟，仿佛哀恸的行为本身使他们变成了弱者。塞涅卡羞辱过玛西娅，布鲁图斯羞辱了西塞罗，英国人羞辱了刘易斯。哀恸羞辱发端于一个光明的观念：哀恸是一种残破的情绪。

*

在我小时候生活的那座房子里，门厅壁橱的最顶层上放着一只模样神秘的鞋盒。我第一次见它时约莫5岁，当时虽小，却也知道它是不能打开的。姐姐告诉我，里面装的全是哥哥死后，别人寄给爸妈的慰问卡片——那是我出生前六年的事了。没有人跟我说过这位哥哥，我知道的一切都来自一体式壁炉柜上的一张相片。我在9岁之前始终比哥哥小，有一天我忽然比他大了。他看上去是个可爱的孩子。我就知道这些。

我父母或者是太痛苦了不愿谈论我哥哥，或者是相信为了我们（包括他们未出世的孩子）都不该再说起他。无论如何，因为他们从不谈他，我在成长中没有和一个鬼魂竞争。我从来不用扛起父母的悲伤，也不用猜测他们会不会用我来换回哥哥。我的童年和我朋友们的童年没有两样，而朋友们的父母并不都曾在同一副苦难之臼中研碎过。我的父母选择和八个活着的孩子一起活，而不是和逝去的那个一起死。他们当初要是被哀恸压垮，我们就见不到他们正常的样子了。我可能也不会出生。

我父母将哥哥装进盒子，放到橱柜的架子上，是一个可敬而负责的决定。是爱。他们很幸运，没有像玛西娅和蒙田那样长期受苦。他们回到了工作和生活之中，把过去留在了身后。他们重拾欢笑，继续过悠长的幸福生活，没有患上精神疾病。我的父母在无意间成了优秀的斯多葛派，也在有意间成了优秀的天主教徒。他们选择在光明中行走。

不过我也听过一些传闻，说是很久以前，我父亲也曾在地板上和孩子们玩耍。我听说在遥远如前世的某个时候，我母亲曾为孩子们弹奏吉他。一次我问她是否真有其事，她告诉我"那个男孩死后"她就不弹了。就算挺过了磨难，哀恸仍会给一个家庭留下印记。沉默的代价是什么？在光明中又失落了什么？

试想，要是C. S. 刘易斯那令人尴尬的诚实成为新的常态，且再不令人感到羞耻；试想他每天都对两名继子谈论乔依。还有更妙的，试想英国预备小学和美国乐乐棒球队再不向孩子们灌输"男孩不哭"的理念；试想对美国影响更大的是刘易斯而非塞涅卡，在那样的文化中，人们会将死者留在近旁，即便葬礼之后仍时时说起他们；要是我们能将丧亲纳入日常生活当中，能推开光明为幽暗留出一些位置，那会是怎样一番景象？

2017年，哀恸治疗师梅根·狄凡（Megan Devine）写了一本书，题为《难过没关系：在不理解的文化中面对哀恸与丧亲》(*It's OK That You're Not OK: Meeting Grief and Loss in a Culture That Doesn't Understand*)，书里举了一个又一个蠢笨的慰问事例，它们不是怪罪丧亲者，就是羞辱了他们。下面是一部分选摘：

- 至少他已经陪你这么久了。
- 你总能再生一个/再找一个的。
- 他现在去了一个更好的地方。
- 至少现在你知道生活中什么最重要了。
- 这件事终会使你成为更好的人。
- 你不会一直这么难过的。
- 你比自己想的要坚强。
- 这都是造化的一部分。
- 一切都有它的理由。[69]

狄凡表示,根据她的经验,大多数人对哀恸者的态度,都只会增加对方的哀恸,于是她制作了一段动画,指导观看者抛掉无益的滥调,换上恰当的说辞。[70]狄凡指出,这些企图安慰的句子有一个共同问题,就是都包含了没有说出的下半句。比如说"你比自己想的要坚强",言下之意就是"别再有现在这些感受了"。[71]这些旁观者不想看到我们伤痛——原因有无数种,包括自私——于是努力让我们抓紧哀恸完毕。当狄凡的人生伴侣不期亡故,她也曾被人指责太过悲伤、太过愤怒得太久太久了。根据个人经历和职业经验,她描写了一个幽暗不容于大众、只为少数哀恸者理解的社会。狄凡的书、网站和她的30天写作教程都想给哀恸者辟出一片港湾，因为他们都在这个难为哀恸者的文化中受过羞辱。"哀恸不是一个有待解决的问题，"她写道，"而是一段需要带上的经历。"[72]

刘易斯的友人想把他拽出幽暗，以此来解决他的问题，可他拒绝了。他没有接受友人们的廉价警句，从而放下妻子的死并重返工作，而是坐在幽暗之中，将看到的都写了出来。

《卿卿如晤》是刘易斯对哀恸羞辱的一剂解药，虽然他自己还是会因哀恸感到羞耻。它倔强地邀请读者，别再把哀恸想成一棵需要砍伐的树木；它教读者学习情绪的语言，哪怕教授者自己也说得结结巴巴。这本书明智地拒绝了光明喻，虽然作者本人还多少受这个比喻的影响。阅读此书，就是目睹一位智识巨匠欲征服哀恸而不得，最后发给别人一道许可，叫我们不必再试。[73]刘易斯为我们留下了一棵蓊郁的大树，我们要是愿意，都可以带着自己的哀恸去树荫下坐坐。

除了他自己的抗议，刘易斯也向我们展示了什么是直抒胸臆，什么是怀疑，什么是不顾一切地爱，什么又是崩溃。他的哀恸有别于斯多葛派，不是通过忙碌来让自己分心；也有别于残破叙事，不说是哀恸者需要纠正。刘易斯不愿躲避自己的情绪（虽然对情绪他不乏羞耻之感），也拒绝把他们藏进抽屉（同样是怀着羞耻）。他将自己的悲伤、怀疑、无助、愤怒、亵渎

第3章 倔强地哀恸

和羞耻一并公开，由此也给予了我们狠狠哀恸的许可。

学习刘易斯，让我们知道，要去做他在妻子去世的那一刻没能做到的事：有尊严地哀恸。哀恸之人不必因没有振作起来就头颅低垂。一个无法振作的哀恸者，和那位一个劲洗碗的鳏夫一样可敬。我们到头来都会落入死亡之手。谁也不可能跑赢dolor。总有一丝哀恸会留在心底，就像我母亲放下吉他时的沉寂。和其他难过情绪类似，哀恸对我们也是一种打击，不同的是，它在许多人眼中是完全正常的——至少从理论上说，在丧亲的头两个礼拜是正常的。哀恸并不说明我们准备不足，或是应对死亡的方式有误。哀恸让我们了解了一个基本事实：活下去是会痛的。哀恸有许多形式，我们不必将它看作一个必须解决的问题，或是一种病态。和一切痛苦情绪一样，哀恸也等着你去并肩而坐，狄凡说是可以"带上"——直到我们能在幽暗中看见。

刘易斯1963年逝世之后，《卿卿如晤》换上他的真名再度发行。这次的销量一飞冲天。[74]原因或许是刘易斯的读者实在爱他，允许他袒露悲伤；或许他们都有一点虐待狂；又或许他们迫切地想从他那里学到些什么。其后很长一段时间，公共领域中都只有已故的刘易斯和其他寥寥数人默默地主张不必打开亮光，要努力在幽暗中看见。但今天这样的声音已经变多，一些知名的公众人物也开始这么说。

在一场访谈中，满面悲伤的主持人安德森·库珀（Anderson Cooper）说起自己正为去世不久的母亲哀恸，他问对面的主持人斯蒂芬·科尔伯特（Stephen Colbert）：40多年前你的父亲和两位兄弟在一场坠机中身亡，今天你是怎么看待这份丧亡的？科尔伯特告诉库珀，他从痛苦中得到的最大成果是他能体会其他哀恸者的心情了，他很可能不知道自己正在转述乌纳穆诺的思想：乌纳穆诺说，当我们自己感受 dolor，就更能看到别人的 dolor。科尔伯特成了一个在幽暗中也能看见的人，他知道痛苦不可避免。刘易斯也是一个。

当代也有几例人物，懂得应该停止将哀恸者拖入光明，他们都认为，哀恸不是需要解决的问题。狄凡便是一例。诺拉·麦金纳尼（Nora McInerny）是另一例。她在丈夫因脑癌去世之后，不得不忍受了狄凡列出的那些蠢笨慰问。麦金纳尼写了几本书，主题不是"失去了亲人也要活下去"，而是"如何与丧亲之痛共存"。她还主持了一档播客节目叫《谢谢过问，我糟透了》（*Terrible, Thanks for Asking*），这个公共平台上的故事都特意没有给出人造的圆满结局。

伊丽莎白·屈伯勒-罗斯（Elisabeth Kübler-Ross）以常常受到误解的哀恸五阶段理论闻名于世（她从没说过这五个阶段是相继发生的），她说起过一名新寡的妇女。这名年轻女子和父母讲电话,说着说着就哭了起来,她母亲本想挂断电话,或许是想让女儿能在私下里哀恸一番。"但幸好,"屈伯勒-罗斯写道,"她的父亲插进来说:'别挂,就算她哭,我也要在电话里听着。'"[75] 这位父亲愿意和哀恸的女儿在幽暗中共坐。真希望人人都有这么一个爱我们的人,不会在我们孤独的时候挂掉电话。

我曾经遇到过一位女子,她用不带一丝悲伤的口吻对我说,她喜欢在海洋中哭泣。她说那样眼泪方便被海水冲走,不会有人知道。她这样说是要捍卫女性私下哀恸的权利,她主张每个人都有各自的哀恸方式,有人并不想向众人透露私事。这个主张有其道理。人的哀恸确实各有不同。今天,我们或许会称赞一个只在海洋中哭泣的女性坚强勇敢,或是有"英国气度"。但再过一百年,除我之外还会有许多人被这样的叙事刺痛;更多人会看出其中的悲剧意味:曾几何时,有一名女子悲伤时只能向大海寻求宽慰,因为她从经验中知道,陆地上没有一个人的灵魂承接得住她的悲伤。

也许终有一天,我们的社会能明白压抑不会令难过情绪消失,而对"隐私"的渴望常常来自被忽略的需求。比如罗杰斯先生就写道:

> 人们年复一年地对别人说"别哭",但这两个字的真

实意思是:"你的情感流露让我很不舒服:别给我哭。"我倒宁愿他们说:"尽管哭吧,有我在这儿陪你。"[76]

也许有一天,我们会不再害怕悲伤把亲爱之人赶走,亲人饱含情绪的拥抱我们也能坦然接受。相较于别人的不适,我们会更担心自己的创痛。我们不会再相信"谈论哀恸会使它延续更久"的说法,也不会再说自己一旦哭了就"再也停不下来"。我们会认可4世纪基督教沙漠教父们(下一章还会提及)的观点:哭能带来慰藉。我们会准备好承接彼此的泪水。[77]我们或许还会公然哭泣,对自己的"情绪化"毫不歉疚,因为我们已经明白,哭并不比笑更加欠妥、尴尬,或是更有传染性。大声哀恸不会被看作"振作不成"的证据,而将被当成人类在努力掌控生活的同时也表达人性的可敬方式。

第 4 章

重新涂装抑郁

"在座的多少人是左利手？"我让学生们举手回答。40人的班里，有三四个"左撇子"（zurdo）举了手，这比例看来挺对，毕竟全部人口中的左撇子也是10%。我接着直接对这三四个说了起来。

"在一个为右利手人士打造的世界里生活，你们感觉如何？"班上的"右撇子"听到皱起了眉头。看他们困惑地环顾教室，或许第一次注意到所有课桌都是为右利手设计的，我很是理解这种感觉。右利手人往往不会留意世界的构建方式，因为世界是适应他们的，这个物质世界就被改造得很贴合他们的身体需求。我自己是右撇子，家人也都是，我不会因为右利手学生的忽视评判他们。我和他们一样，在听左撇子讲自己的故事之前,也没意识到他们在以截然不同的方式与世界交互。

两个左撇子学生大声回答了我的提问。他们身前同是右利手式课桌,因为这间教室里的课桌只有这一种。

"这种生活我才刚刚习惯。"其中的扎伊达说道,她是一头长发的大二学生,戴一副透明框眼镜。此刻她的身体别扭地拧向一侧,因为只有这样才能用左手在座椅右侧的小桌板上写字。看到其他几个学生注意到自己,她耸了耸肩。

坐在教室中间的豪尔赫也点了点头。他外表整洁,穿一身正装衬衫和正装长裤。他虽然像右利手同学一样面朝前方坐着,却只能将笔记本放在腿上写字,右侧的小桌板对他毫无用处。他似乎很高兴别人留意到了他的不便。

"向来如此,我都习惯了。"这样的适应并不意外,因为身为少数的左利手常会在物理世界中碰壁。每一天,左撇子们都要调整身姿、胳膊和手指来适应剪刀、键盘、开罐器和鼠标。

这些学生对我说,这些只是小事,但这些小事也在提醒他们:世界只有一个,在这世上,左撇子只能去适应右撇子。

"难道不别扭吗,"我问他们,"每次都要反着来?"

"确实别扭。"又一个左撇子坦白道。到这时,大多数右撇子都在低头看课桌了。他们明白了这些课桌是想着他们设计的,正如美国国会大厦的 365 级台阶是想着能走路的人建造的,[1] 正如宇航服和碰撞测试假人都是想着男性制造的。

此外还有一种"情绪左撇子",包括带有慢性、临床甚至轻度抑郁的人,他们只能生活在一个被光明喻塑造的世界里。在宗教的光芒中,抑郁显得像一种罪——在绝望中,你背离了上帝。在消费主义、资本主义或是积极思考的光芒中,抑郁又会显出软弱、懒惰的面貌,或是无法开始工作的失败模样。抑郁作为一种 dolor 要远比哀恸费解,因为大多数抑郁者身边没人去世。《正午之魔》(*The Noonday Demon: An Atlas of Depression*)的作者安德鲁·所罗门(Andrew Solomon)这样刻画他的第一次抑郁发作,说他在当时的情形下"陷入抑郁实在是没有借口"。[2]他当时刚刚写完一本行将大获成功的书,起先只觉得有些无聊。但是短短几个礼拜,这无聊感就恶化成了一股令他衰弱的抑郁。

抑郁患者有过一段不受正视的惨痛历史,所以当科学之光初现时,患者都觉得它比之前的种种光芒好太多了。在科学之光的照耀下,抑郁不再是一种主动选择,也不再是罪孽、懒惰或心情郁闷。它不再是某种可以凭意志"克服"的东西。它头一次显得那么真实、残酷,令人精疲力竭。据美国心理学会报告,抑郁症(无论轻重)是最常见的一种精神障碍,且女性比男性更易患病。照所罗门的说法,它是一种适应不良的情绪,一套残破的系统。对于之前只能在"罪人"和"废物"两个坏词之间选择的人来说,这些新词能带来莫大的安慰。临床抑郁症会造成严重的折磨,它会令所罗门这样的患者无法接听电话,无法洗澡,甚至无法自己切食物。所罗门发现,抑郁的反面不是幸福快乐,而是活力,那是一股使人能感受悲伤、喜悦或任何情绪,唯独不会"落入虚无"的能量。[3]

在2022年的今天,抑郁是可以治疗的。美国心理学会报告说,心理疗法和药物的恰当组合"有助于确保康复"。[4]虽然所罗门说今天可用的药物还很"原始",效果不佳、价格昂贵,还可能有严重的副作用,但如此可怜的供给也已经挽救了无数生命。所罗门也说他感激于能活在有药可用的今天,而不是从前那些人们只能在抑郁中苦熬的时代。[5]1999年出版了一本书,叫《要柏拉图,不要百忧解!》(*Plato, Not Prozac!*,中译本名为《哲学是一剂良药》),作者表示我们无需药物,单凭哲学就能度过黑暗时刻。[6]到如今,这个书名最好改成《要柏拉图也要百忧解》。如果药物能帮我们在感受悲伤的同时摆脱虚无,用药就很合理。

不过这一章要写的不是药物,而是语言。一如我们很难指明那些关于愤怒、沮丧和哀恸的最光明信念会产生什么有害的副作用继而谈论它们,要说清我们目前对抑郁使用的词汇是有益还是有害,同样是棘手的难题。将抑郁标为"一种残破"有没有害处？这里的抑郁，可以是夸张但大概不危及生命的一声哀号"我抑郁了！"，也可以是安德鲁·所罗门那样无法自己切食物的体验。有没有可能，我们关于抑郁的主流叙述多少造成了如下现象：2021 年，每三个大学新生中就有一个被诊断为抑郁状态？[7]最后，我们又该如何面对一个无法否认的事实：这种残破叙事当初能创造出来，现在也仍旧维持，部分是仗着一个产值万亿美元的制药产业，而向我们销售解药正是它的盈利法门？[8]当抑郁被当成一种病来营销，谁是获益者？

我这些问题可能被解读威胁或冒犯，这也有其道理：确实有些人"不信"精神疾病的存在。他们只把抑郁这样的情绪当成软弱，甚至说它是一个被宠坏的阶层的现代发明：悲伤嘛，人人都有，挺过去不就行了？这些人都受到一种对幽暗鲜少宽容的文化的强烈影响，他们该被归为"反医学"人士，我并不同意他们的观点。医学之光帮助千百万人获得了药物和心理治疗，这两样都是能救命的神奇干预手段。我并不主张熄灭这片光芒。

但我们能否将它调暗一些？能不能再多问一句：把抑郁全然当成是一种精神疾病，会有怎样的代价？当抑郁仅仅是疾病，它看上去就是一样应当消灭的东西——这正是彼得·克雷默（Peter Kramer）在《反对抑郁》（*Against Depression*）中的主张。他坚定地认为我们决不能再将抑郁浪漫化，而是要出手将其击败。⁹ 但是既然消灭这种病有时并不可能，除非连宿主也一并消灭，难道我们每次都只能将抑郁者归入凯利·克拉克森（Kelly Clarkson）2019年在歌里唱的那"破碎而美丽"（Broken and Beautiful）的人群吗？将抑郁看作一种脑病，遭受者就会显得病态、残破，需要修补。曾有一名学生写信给我说，他不是正常的青少年，因为他要用药物治疗抑郁。我回信说，也可能他只是个需要服药的正常青少年。如今仍有太多人将诊断等同于功能障碍，但就抑郁而言，诊断只是为了获得所需的帮助而已。

我们还能用什么别的方式来看待和谈论抑郁？能不能既发现一个人所受的苦并为他获得提供帮助的门径，又不教他自认是一个残破的人？有什么办法可以让我班上的情绪左撇子们看到自己的尊严，又不用罔顾自己的抑郁？也许尊严这东西在耀眼的阳光下是绝难看清的。可能在清淡的月光下要更容易些。

格洛丽亚·安扎尔杜亚就是个情绪左撇子，她的情况今天多半会诊断为"临床抑郁症"。在她生活的那个世界，大家都期望抑郁者能够"积极思考"，也期望同性恋能"直起来"。和我的左利手学生们一样，安扎尔杜亚也成长于一个不适合她的世界。20世纪50年代，童年的她生活在得克萨斯州的南部边疆，无论在情绪、身体还是其他方面，她从小都是一匹黑马。她如饥似渴的读书习惯令母亲不安，母亲只知道一个可爱的墨西哥小姑娘应该给灯罩掸灰，把地砖拖净，而这个不守传统的假小子竟喜欢画画读书，实在令她不解。安扎尔杜亚从小就知道，她将来绝不会为丈夫熨衣服，或是给一个扭来动去的女儿编辫子。她的一生要用来阅读、写作和绘画。她要生也只会生下观念。

上小学时，安扎尔杜亚就在背包里装了索伦·基尔克果和弗里德里希·尼采的著作。小小年纪，她已经了解到，像她这样的"黑妞"（prieta）一般不会读这些作家。[10] 她喜爱的那些书籍不是想着她这样说西班牙味儿英语的墨西哥裔农民写的，就像学生的课桌也不是想着左撇子设计的。可她依然如饥似渴地追求着知识。"我就是那种孩子。"她后来回忆说。[11]

21岁时，安扎尔杜亚入读了得州州立女子大学，这是她第一次离开家，去钻研数百名已经死去的诗人、作家和画家，此时的她已将这些人视同生命。可是她又发现，这些艺术家的外表、措辞和文章没有一个像她，于是她开始觉得自己与众不同、有一点怪了。她登上那辆向北的巴士，是希望找到一个适合她的el mundo zurdo（左撇子世界）。但一年后她不得不回到家里，因为学费她已经负担不起。她回到田间工作，存了些钱，接着入读泛美学院（Pan American College）并学成毕业。这所学院后来发展为得州大学大河谷分校（UTRGV），就是我现在教书的地方。如果我1967年就去那儿教书，安扎尔杜亚就是我的学生了（当然，1967年时这所大学还没有教哲学的拉丁裔女性）。

安扎尔杜亚在"外面"游历的世界，并不比她离开的那个更适合她。她在外面住过的城市，没有一个像家乡的墨西哥薄饼闻起来那么香，摸上去那么暖——她住在佛蒙特州筹划自己的第一本书时，常会梦见这种家乡美食。[12]这个思乡的酷儿作家，在得州南北部是直人中的同性恋，在旧金山是墨裔得州女孩（tejana），在佛蒙特的白人学术圈是黑皮肤农场工，在印第安纳和布鲁克林又成了口音奇怪的墨西哥矮子。她最终在加州的圣克鲁兹定居，但即便在这个"世界女同性恋之都"，她也自比为一只海龟，老是把家扛在背上。[13]她不单是拖着她那些珍贵的书籍在城市间游荡，还带着她的文化、她的语言和她的想象。

安扎尔杜亚在61岁去世时已经是著名的作家和演讲者，连她同期的研究生都把她当成老师看待。她出版了《边境：新型混血儿》（*Borderlands/La Frontera: The New Mestiza*，后简称《边境》）参与编辑了三部开创性的学术文集，写了三本童书，接受的采访也多到可以结集出版。安扎尔杜亚在2001年获美国研究协会（ASA）终身成就奖，谷歌也在2017年9月26日她75岁冥诞那天为她出了一期涂鸦，可见她的思想遗产一直在启迪后人。

不过，纵使安扎尔杜亚获得了种种荣誉，压在她背上的却不止家乡。和我们许多人一样,她也背负着种种dolor。她天生有一种罕见病,三个月大时就来了月经。每隔24天,小格洛丽亚都要在剧痛中流血十天。她必须对此事保密,连兄弟姐妹都不能告知,否则就会被当作肮脏的怪物。[14] 因为这种病,青春期也早早来了:她6岁时乳房就开始发育,上体育课时阴毛探到了短裤外面。[15] "腿要并拢,黑妞。"她记得母亲曾这么对她说。[16]

安扎尔杜亚的父亲在她14岁那年去世了。[17] 她自己有过四次濒死体验,有一次差点溺毙于南帕诸岛(South Padre)。成年后,安扎尔杜亚被抢劫过两回,38岁时做了子宫切除手术。不光是这些,她还得了糖尿病,糖尿病又引发了神经病、眩晕、头痛和视物困难。[18] 后来反思这些遭遇,安扎尔杜亚坦言从身体直到精神,"疼痛已经是一种生活方式,我平常就是这么过的"。[19]

安扎尔杜亚还有一种自己"来自外星"的感觉。[20] 小时候,她觉得大人都希望她扮演好"传统"墨西哥女性的角色,但显然她压根不打算这么做。她没有照母亲的盼咐替兄弟们熨烫上衣、备办晚饭、端水送餐,而是径自去阅读、画画、挖沟和捕蛇。[21] 就连做饭,她虽然小时候喜欢,但因为占了阅读的时间,后来也不做了。[22] 小格洛丽亚明白自己喜欢什么,她毫无歉疚地追求爱好,全不顾别人的斥责。

不过,当母亲告诉朋友们她整天躺在床上看书不帮忙做家务时，她还是不免要"尴尬"一番。[23] 她承认自己是家里四个孩子中最不听话的一个，是不肖逆子。但她也总是觉得，她只是在做自己罢了。[24] 她很矛盾。虽然姐姐和母亲说她"自私"，只顾自己开发心智，不肯为兄弟们熨衣，她自己却觉得，"自私"是别人想要你做什么而你不做时，他们用来污蔑你的字眼。她用了30年才想通这一点，在这30年间她常常感到深深自责。[25]

安扎尔杜亚的自责感一直延伸到她成年后的作品当中。每次抑郁发作，她都会变得无法洗碗、接电话或回电邮。同样的事情总是一再上演。她会把自己锁进内心，然后吞掉钥匙。无怪乎她很小的时候，就在索伦·基尔克果（下一章还会说到他）身上发现了"一股和自己相当的绝望感"。[26] 比她早一百多年，基尔克果曾描述过掩护于蔓生沼泽之中的深不见底的湖泊。湖底有一只上了锁的木盒，里面藏着钥匙。"indesluttethed"是基尔克果对这种"自我密封""自我围困"的称呼，代表着某种"绝望的沉寂"。[27] 和我们许多人一样，安扎尔杜亚也对这个困锁于自身之内的意向产生了共鸣。

身处幽暗之时，安扎尔杜亚会退回她所理解的身份界限之内，这些界限都不可避免地受他人预期的框定。"我凭什么认为，我这个出身穷乡僻壤的'墨小妹儿'（chicanita）也能写作？"听到心中一遍遍响起"自私""懒惰""consentida（宠坏了）"的指责，她变得越发无力。安扎尔杜亚的抑郁发作加大了她儿时就听见的指责的声量。她本该成为妻子和母亲，而不是一个无法 levantar cabeza（抬起头来）的消沉墨裔女子。[28] 她接受采访时告诉同为墨裔得州女性、研究美洲原住民的教授伊奈丝·赫尔南德兹-阿维拉（Inés Hernández-Ávila）："我们的写作从来都是犯戒的。"[29]

安扎尔杜亚在 50 岁那年诊断出 1 型糖尿病，这又触发了她的抑郁症。事后回想，她当时用了整整一年否认和拒绝自己又生病了的事实："我活该如此吗？究竟哪里搞砸了？"但接着她就开始研究自己的疾病，勤奋程度堪比她对诗歌、墨裔女性理论（Chicana theory）、女性主义、哲学和占星术的研究。她每天记录自己吃了什么、应该吃什么、血糖水平怎样、自我感觉又如何。记录这些有助于避免低血糖，使她不致因未及时平衡血糖而失去意识。即便血糖只是略微偏低，她也会觉得难以视物，并因此难以写作。[30]

因为要对付糖尿病和抑郁，安扎尔杜亚总是精力不济，没法达到她自认为可以达到或应该达到的水平。她赶不上截稿期限，因为写完一篇的时间总是超出计划。她还在截稿期限迫近之时着手其他工作，并自称这是一种"反叛"，但她的朋友兼合作者安娜路易斯·基廷（AnaLouise Keating）却说她这是败给了"欲念而非死线"。³¹作为一本文集的共同编者,基廷正确预卜了安扎尔杜亚的文章会拖慢整本书的出版进度。可是她的文章又那么好,不能不收进集子里去。³²

和许多被疾病消耗精力的人一样,安扎尔杜亚也被误解了。有同行不明白她病得有多重、人有多抑郁,反而传言她因为名声太大,不愿出席学术会议了。抑郁和糖尿病是安扎尔杜亚的双重重担。它们危害了她的"女性主义远见灵性活动家诗人哲学家虚构作家"的事业。³³她回忆说:"我一次次地发作抑郁,y no podía hacer nada(什么事也做不成了)!我没法在一项任务上集中思,因为我的眼睛老来捣乱。对付疾病耗光了我的精力。"³⁴她还说:"起先我的朋友们都很生气,因为我不和他们来往了。光是一天天地生存下去已经搞得我手忙脚乱。"³⁵刚刚诊断出糖尿病那一阵子,安扎尔杜亚除了照料自己之外"几乎无法正常生活",于是她用了一年时间离群索居。³⁶

2002年,安扎尔杜亚通过电邮给基廷传了一首诗自述抑郁,题为"愈合伤口"(Healing Wounds),诗中揭示她的精神状态仿佛"一只只脏盘子越叠越高":

> 我已被扯得腔开肚破
> 被一句话、一个手势、一个眼神——

有的由我发出，有的来自亲戚和外人。

我的灵魂跳出躯壳

匆匆躲藏

我蹒跚四处

寻找慰藉

也想哄灵魂回家

但留守家中的那个我

没了灵魂已变得全然陌生。

哀号中，我拉扯头发

将鼻涕吸入喉咙咽下

我用双手捂住伤口

可这么多年之后

它依然流血不休……[37]

安扎尔杜亚在幽暗中度过了许多时光。就像诗中所说，她在那里流血、哀号、拉扯头发。她努力寻找慰藉，却常常只找到惨痛。

安扎尔杜亚的抑郁虽然如此痛苦，她却没有将其称为一种障碍或疾病。她自己给它起了名字。这位墨西哥裔艺术家从单调灰暗的临床抑郁症取材，创造出了一则斑斓绚丽的神话。一如苏珊·凯恩（Susan Cain）在2012年出版《安静：内向性格的竞争力》（*Quiet: The Power of Introverts in a World That Can't Stop Talking*），为内向者辟出了一方理论空间，使他们不再感觉自己是追求外向而不得的失败者；安扎尔杜亚也在1987年出版的《边境》中为墨西哥裔美国人辟出了一方理论空间，使他们不再感觉自己是失败的墨西哥人、失败的美国人。[38] 但这个"左撇子世界"不单单是为他们创造的，它也欢迎所有类型的左撇子。"在左撇子世界里，我怀着我的热爱，我的同胞怀着他们的热爱，我们可以共同生活，一起改变这个星球。"[39]

今天，左撇子世界里也容得下被恐同的家乡驱逐的性少数群体了。它还欢迎我们当中那些遮蔽了幽暗情绪、被旁人觉得应该再阳光些的人。左撇子世界对于怀有抑郁、焦虑、愤怒、哀恸或其他dolor的人不单是包容、接纳，它从一开始就是想着他们创建的，他们都是安扎尔杜亚口中的almas afines（同道中人），"对世界有着敏锐到痛苦"的感受。[40]

刚开始写作时，安扎尔杜亚经常赤身坐在加州阳光之下，膝盖上架一台打字机；随着时间流逝，她变得越来越黑也越来越脆弱，好似在"培育肤色"。[41] 但后来她改在夜间写作（她说那是"属于我的夜晚"），借月光照明。[42] 夜里万籁俱寂，不属于情绪上的"右利手"人群，此时他们都已经在鼾声和口水中熟睡——这是左撇子的时光。我们中那些情绪上的左利手，那些抑郁、焦虑、愤怒、哀恸、满怀 dolor 之人，也常常在夜间清醒地驻留。

在黑暗中，安扎尔杜亚沉思黑暗。在关于大地起源的阿兹特克神话里，安扎尔杜亚发现黑暗被尊称为"母体、萌芽和潜能"。在这个起源中，黑暗并不可怕。可是当光明分裂出来，黑暗就变成了反派，"和消极、低劣、邪恶的力量划上了等号"，[43] 不再被看作母体的温暖子宫。从这一刻起，黑暗成了敌人。

当安扎尔杜亚思考宇宙起源，她觉察到当时的社会对于一般意义上的黑暗，特别是黑皮肤有一种偏见，她把这种偏见明确指了出来。她还差一点援引了柏拉图的洞穴喻——或许她在心底已经这么想过了。[44] 在描述黑暗从"母体"向"消极、低劣、邪恶"的转变中，安扎尔杜亚批判了"投下双重阴影的男性化秩序"。[45] 在阿兹特克神话中，在热衷战争的太阳神维齐洛波奇特利（Huitzilopochtli）登场，担当他凶暴故事的主角时，他投下了一重阴影；而当他将黑暗和女性面向当作叛敌时，他又投下了第二重阴影。如果将安扎尔杜亚转述的起源故事看作一个混合了墨西哥和希腊神话的比喻，这个太阳就是危险的木偶师：他不会拯救我们，只会在洞壁上投下影子，让我们觉得夜晚坏、白昼好，女性负面、男性正面，抑郁是黑、健康是白。

当你思索过"倦怠"（acedia），你就会觉得安扎尔杜亚描写的针对幽暗的偏见尤其扭曲。倦怠是抑郁在4世纪的近亲，据说它不是在黑夜中袭击，而在光天化日下侵略。倦怠最初属于"八邪念"之一，专门折磨生活在埃及的基督教沙漠教父们。这些僧侣视它为"正午之魔"，并将它描述为想从修室中逃跑的欲念。倦怠包含着一些无聊、一些冷漠麻木和一些莫名的不适，令日子长得仿佛没有尽头。当倦怠来袭，你会觉得人生好像不是自己的了，于是你不再打扫修室，并开始越睡越多。你不再向上帝祷告，反而制订起逃跑计划。和抑郁一样，倦怠这个"正午之魔"能一连在你身上附几个月，在这段时间里，你身无片甲，形影相吊，困顿于自身之内，在阳光下烧灼而非被它轻轻温暖。

6世纪时，"八邪念"变成了"七恶德"（vices），倦怠被砍掉了。在之后的六百年中，人们忘却了倦怠，或是只把它当成僧侣的问题。再后来的12世纪，圣维克多的休格（Hugh of St. Victor）使倦怠起死回生，并将其列为一宗大罪。圣托马斯·阿奎那将它更名为"懒惰"（sloth），说它能直接把人送入地狱。[46]

如今已经没多少人再谈倦怠（连sloth也说得少了），因为现代科学不再接受"无精打采是魔鬼带来的罪"的观念，宗教也不再被视作心灵事务的裁判官。于是,倦怠这一曾经由恶魔煽动的罪过,现在变成了由脑功能障碍或是不幸的 DNA 链所引起的临床抑郁症。

我们能够从倦怠的消长史中获得的教益,除了它和抑郁一样曾被误读为"懒"之外,就是对于太阳的怀疑。倦怠最可怕的特征是它和恐惧不同,即便太阳升起也不会消散。抑郁也是如此。一个抑郁的人想要阖上百叶窗很可理解,因为引入压迫性的阳光并不能令他多一分解脱。既然这样,我们为什么还要将抑郁称为"黑暗"?

我们如果能逃出光明喻的笼罩,不再相信光会拯救我们,或许就会得出这样的结论:抑郁不是"灵魂的暗夜",而更像得州南部一个无尽漫长的夏日。如果白颜色不是历来被浅肤色的人独占并用来凌驾于深肤色的人之上的话,它或许会成为描绘抑郁时显而易见的选择——专横的白色赶走了所有其他颜色。

虽然有针对暗色的种族偏见,安扎尔杜亚仍然相信黑夜。她不要靠阳光来理解自己的幽暗情绪,而是借助起了 la luna(月亮)。面对月亮,安扎尔杜亚看见的不是一只气球或一片奶酪,而是母神夸特莉葵(Coatlicue,字面义"蛇裙")的女儿、大地女神科尤沙乌琦(Coyolxauhqui)的头颅。科尤沙乌琦是太阳神维齐洛波奇特利的妹妹,脑袋被后者砍下扔进夜空,因为她图谋弑母（至少维齐洛波奇特利是这么说的）。从那以后至今，维齐洛波奇特利就作为太阳统治白昼，科尤沙乌琦则作为月亮统治夜晚，帮助像安扎尔杜亚这样的人在黑暗中观看。[47]

科尤沙乌琦的光华远比日光柔和。她不会将幽暗吓跑，也不觉得它危险。安扎尔杜亚将月光称为她的"良药"。[48] 她临终时还在写一部题为"黑暗里的光"（*Light in the Dark/Luz en lo Oscuro*）的专论，指的就是月亮而非日光。对她来说，男性的太阳神维齐洛波奇特利刺眼而暴烈，女性的月神科尤沙乌琦则充满善良的母性。安扎尔杜亚感谢月亮帮她在黑暗中看得更加清楚。[49]

借着月光，安扎尔杜亚发觉，抑郁很像那位阿兹特克母神，她将我们整个吞下并投入黑暗，但也赋予了我们一种新的观看之道。我们多久才会因为自己的洞察感谢一次月亮，甚至感谢黑暗本身呢？

在阿兹特克图像中，夸特莉葵的头部由两条面向彼此的响尾蛇组成。它们象征给予生命和夺走生命，因为这两样夸特莉葵都能做到。她既是一个子宫，又是一场"吞噬一切的内在旋风，象征着心灵的地下面向"。[50] 夸特莉葵绝不善良。她是严酷的，但安扎尔杜亚很习惯严酷。她的姐姐曾把她的《边境》扯碎扔进垃圾箱，接着三年没和她说话。[51] 她的母亲让她觉得自己又懒又怪。可是她们也爱她。所以，被夸特莉葵这位精神母亲在一生中数次投入抑郁，安扎尔杜亚也并未觉得意外。

安扎尔杜亚写道，"当疼痛、苦难和即将来临的死亡变得无法忍受"，夸特莉葵就会"张开大口将我们吸入、吞噬"。一被夸特莉葵抓住，安扎尔杜亚就无法脱身，等落入这位母神的胃里，她就意识到，最好待着别动。她将深思称为"萌发性的工作"，说它"只在潜意识的深暗厚土中进行"。在夸特莉葵的怀抱中，原本隐藏的观念就渐渐浮现，无意识的心灵也开始显露自身。[52]

这份"夸特莉葵态"并不美好。安扎尔杜亚写了她的糖尿病和抑郁症间的相互作用，比如低血糖如何把她"再次拖垮"。她在一封电邮中写道："我之前把自己弄得太累，精神和情绪都耗干了，如今这是在还债。我真希望能学会更好地管理工作和生活。"[53] 夸特莉葵对于安扎尔杜亚不是简单的朋友形象，她完全是被这位母亲拖入怀中的。

安扎尔杜亚迫切想了解她在抑郁发作时内里在发生什么，她是怎么掉进去的，从中又能学到什么。她毕竟是一名思考者。不过她也厌恶自己的这股"什么都要弄个明白"的冲动。[54] 她最终意识到，只有一种方法可以从一次抑郁发作中走出来，那就是停止和它对抗。在内心深处，她相信，只要任凭夸特莉葵把她的产出能力禁锢上几天、几周甚至数月，时间一到，她自会获释。然而她始终还是不愿"越界,不愿在藩篱上开个口子走过去、渡到河对岸,或是纵身跃入黑暗"。[55]

面对夸特莉葵这位老师,安扎尔杜亚并不乐于学习在黑暗中观看。可是夸特莉葵也不允许安扎尔杜亚维持仍有产出能力的表象,甚至不许她每天早晨起床。夸特莉葵让安扎尔杜亚不可能忽视自己的精神痛苦。安扎尔杜亚表示,"被夸特莉葵抱在臂弯里"的她,只得潜入一只"洞中,里面丛生着她自己的想象"。任她再怎么不想承认,更不想面对自己那些糟糕的自私、懒惰之感,它们还是占据了她的身体,令她无法从事洗碗、社交这样的普通日常活动。安扎尔杜亚把她和夸特莉葵的相处经历比喻成化作石头、变不回人形,直到她"在旧边界上踢出一个口子"。她没法从这位石头女神有碎骨之力的双臂中挣脱,直到她明白了这双臂膀也是一只子宫,从中能诞下对某些幽暗真相的认识或是对某些新事物的观察。

在《边境》中,安扎尔杜亚讲了她在自己幽暗的抑郁中收获的一种关键洞察,它针对的是她儿时从外间吸收的关于自己的一种认识:她是自私、懒惰、被宠坏了的。和夸特莉葵的痛苦相处向她展示了这个认识错在哪里:她其实并不懒惰。她确实没有像一个移民农场工那样全身心地犁地和采摘,但她挖掘了自己的心田，在灵魂中播下智慧的种子，并给它们浇水施肥。从她的劳动中长出的文章和书籍将改变无数人的生命，特别是我的每一个学生。在内心深处，安扎尔杜亚知道想要否定"不种地的墨西哥人都是懒人"的殖民叙事，她就必须一头扎进前殖民时代的神话（myth）中去。

夸特莉葵还向安扎尔杜亚展示了她的认识又对在哪里。如果勤劳的美国人看见身为作家的她整天在做些什么（散步、冥想、读书）又没做什么（连续八到十个钟头的辛苦写作），他们或许是会认为她懒惰。她的编辑和出版商见她赶不上截稿期限肯定也不高兴，并很容易推断她在浪费时间。但安扎尔杜亚掘得比这更深。懒惰叙事并不单指她一人。早在1848年美墨战争结束前，当墨西哥西北部还远未成为美国西南部时，盎格鲁白人就已经在数落墨西哥人懒了。

被夸特莉葵抱在臂弯的安扎尔杜亚意识到，作为"被征服民族的二等成员"，她和她的同胞"一直在被灌输他们是劣等民族，因为他们有土著血脉，信奉超自然，还说着一口有缺陷的语言"。安扎尔杜亚还意识到：

> 无论我个人还是我们墨西哥人这个族群，都会自我责备、自我憎恨、自我恐吓。这些大多发生在无意识间。

意识中我们只知道自己很痛，怀疑自己有什么地方"不对"、犯了什么根本的"错"。[56]

安扎尔杜亚对这个叙事信奉了太久，并因此跌入了更深的自责和羞愧之中。然而，当触达情绪深渊的最底部后，她却做到了将自视失败的个人体验（今天的我们或许会称之为"冒充者综合征"）和一个历史事实关联起来，这个事实就是，她的族群饱受了几个世纪的洗脑，觉得自己是失败的族群。由于西班牙征服以来对印第安人的偏见延续至今，那些努力要成为艺术家、作家或学者的墨西哥裔和其他非白人都会拿到一份脚本（script），上面说他们的抑郁表明是他们自己出了问题，不是这个世界。他们要是不这么任性、没被宠坏，完全可以去采摘点橘子、草莓或生菜，供给真正的艺术家和作家。但是夸特莉葵教导安扎尔杜亚，她羞愧的原因不是她个人无法赶上截稿日期，而是因为那个说墨西哥人懒惰的迷思（myth），这个迷思是一个怀着种族歧视和性别歧视，又执念于产出的社会灌输给她的。

一切消沉的艺术家都很容易被说成懒人，而安扎尔杜亚这个消沉的艺术家还额外扛了一副墨西哥裔的担子，于是被归为了超级懒人。"从小到大，她一直听人家说墨西哥人就是懒……[于是]只得在工作中比别人加倍勤奋，以此迎合主流文化的标准，这些标准也部分地成了她自己的标准。"[57]安扎尔杜亚将殖民者及其后代强加到她族人头上的标准内化了。夸特莉葵将她吞入黑暗，恰恰是解放了她。黑暗中绝没有殖民标准的"光芒"，在那里她可以产下自己的标准。

在夸特莉葵态下获得这一知识之后，安扎尔杜亚希望能就此不再用懒惰这样的形容对自己"当头棒喝"了。夸特莉葵帮她认识到将消极不动当成个人弱点是错的。随着思想成熟，安扎尔杜亚意识到，消极不动对于学者和艺术家是"和呼吸同样必要的一个阶段"。而懒惰叙事不过是木偶师投在洞壁上的虚影。

安扎尔杜亚认为自己是个懒人的观念并非源于她个人。她脑子里的那份脚本也不是她自己写的。像她这样一个墨西哥裔jota（酷儿女性），没有稳定的就业和保险，大把时间用来阅读和写作，有空就睡觉或漫步沙滩，用过的碗碟都堆着不洗，这样的人在广义的美国语境中就是会被认作懒人。安扎尔杜亚想得没错：她的母亲确实会接受关于墨西哥人的刻板印象，美国的其他墨西哥裔母亲也会接受，许多盎格鲁白人也会。但安扎尔杜亚是哲学家，她要质疑社会灌输给她的叙事，要去寻找别样的神话，创造新的观看之道。

在直视过夸特莉葵之后，安扎尔杜亚对自己的抑郁有了一个认识：无论她对自己隐藏了什么，最后都会浮现出来。要不是被夸特莉葵放倒，安扎尔杜亚本来绝不会停止行动。夸特莉葵施加给她的痛苦极其剧烈，但安扎尔杜亚却用书写做了回应。她写道：假如（一个很大的假如）我们能从自己的夸特莉葵态中"发现意义，我们的巨大失望和痛苦经验就会引导我们变得越来越像自己"。[58] 夸特莉葵会给我们一丝隐约的自我知识，但只在黑暗道路的沿途才给。

苏格拉底在对他的审判上说，未经审视的生活是不值得过的。他认为哲学能帮助我们了解自己，过上更好的生活。对安扎尔杜亚来说，抑郁也有类似的作用。你不必相信抑郁具有内在的积极意义，也能明白为什么安扎尔杜亚会说夸特莉葵帮她在幽暗中看见了一些东西。这位蛇形女神或许会放倒我们，但她也能帮我们面对自己害怕的东西。

苏格拉底还说，我们都孕育着观念。他的母亲是位助产士，会协助妇女产下婴儿。苏格拉底自认也是一名助产士，但是帮男人产下智慧的那种。苏格拉底将自己的技艺称作"哲学"，其目的是"用一切测试来证明，一个男青年的思想产物到底是虚假的幻影，还是带有生命和真理的本能"。[59] 他测试别人的方法是对他们的观念发起盘问（有的教师称之为"苏格拉底式提问"），直到看出他们的"宝宝"是否强壮健康；如果不够强健，他认为应该予以揭露。

虽然苏格拉底没有产下智慧（他自己的谦辞），安扎尔杜亚却有。在夸特莉葵的帮助下，她一遍遍地将自己生了下来（她还帮助别人自我生育，方式是发表他们的文章）。她形容自己既是母亲又是婴儿。她把自己和夸特莉葵交往的经历称为"干产""臀位生产""尖叫生产"，最后是"每出来一寸都要搏斗的生产"。[60] 夸特莉葵每召唤她一次，安扎尔杜亚就重新生自己一回，她由此也得以成为一个新人，并用新的视角看待事物。"当你身处夸特莉葵态，你就是在孕育并生下自己。这是置身子宫的状态。"[61]

安扎尔杜亚没有发明出"墨西哥懒人"的有害叙事来毒害她自己。但在落入夸特莉葵的怀抱之前，她也不明白其中的道理。她必须先停止清洗碗碟，才能看清她之前信的是一个有毒叙事。她虽然抗拒夸特莉葵，但后者却给了她一双新的眼睛，使她看清了墨西哥裔艺术家和知识分子的生活并不懒惰或者自私。

当初安扎尔杜亚假如"弃暗投明"，比方说，假如她努力保持积极心态，对关于自身的糟糕想法不加审视而径直驱逐，她很可能就永远不会明白，她的自我叙述其实是外来的。要不是有了夸特莉葵，安扎尔杜亚或许不会质疑许多酷儿还有左利手的艺术家和治疗师们遭受的危害，也不会知道这些人也怀着和她类似的羞愧。知识和自知不仅能在光明中找到，也出现在幽暗之中，"en esa cueva oscura"（在那黑暗的洞穴里）。[62] 夸特莉葵是用她冷冰冰的拥抱弄痛了安扎尔杜亚，却也赋予了她"内在的觉知"。[63]

《边境》出版近15年后，安扎尔杜亚将她的抑郁发作归纳成了一种七阶段过程，最后以conocimiento（新的知识和行动）收尾。在这个不一定线性发展的过程中，她将夸特莉葵态定为第三阶段。在50岁那年诊断出糖尿病进而引发情绪地震之后，她形容自己在两种叙事之间被来回拉扯，一种是她从前对自己的总结：她已经"还清了欠痛苦的债"，要准备"好好工作"了；另一种是她当时还不知道的新的叙事。这种两头拉扯的状态使她落入夸特莉葵的掌控之中，这位女神主宰了她的身体和精神，使她"好些个星期无法正常生活"。[64]

最后，有一个什么东西（她没有明说）将她推入了第四阶段，鼓励她起身下床。到第五阶段时（以身体撕碎后分散到大地各处的"科尤沙乌琦"命名），安扎尔杜亚重忆/重组（re-member）了自己。和科尤沙乌琦一样，她必须将分解的肢体重拼起来，但她发现拼回来的各部分都回不到原位。无论我们是否患有临床抑郁症，都至少会在一生中解体一次，之后必须重组自己。

在第六阶段，安扎尔杜亚和她在夸特莉葵态中故意与之隔绝的人重新建立了联结。到第七阶段，她开始参与"创造性活动"，如"写作、艺术创作、舞蹈、治疗、教课、冥想和精神性社会活动（spiritual activism）"。[65] 这些行动帮安扎尔杜亚在自己的抑郁中挖掘出了意义——不是说艺术家非得靠抑郁来滋养艺术，而是抑郁本身渴望表达。

安扎尔杜亚没有像这个时代的许多人那样隐藏抑郁（少数种族和少数民族尤其会如此），而是将对抑郁的书写塑造成了一种"精神性社会活动"。她成功地将一种有种族和性别渊源的羞耻感（"我是个懒人"）转化成了创造性行动：写书、公开演讲、到课堂上教书。安扎尔杜亚的 dolor 或许是她个人的，但是她原本以为唯她特有的、标志她个人不足的懒惰，却原来是一块系在许多人颈上的磨盘，他们都是热衷于精神生活而受到压迫的人。"我能挺过那些种族歧视和压迫，是因为我用写作消化了它们。这是一种疗愈方式。我把所有正面和负面的感受、情绪和体验都放进了写作里，试着用写作来理解它们。"[66]

阿兹特克的哲学和神话使安扎尔杜亚能将抑郁视作一个"复合的整体"而非简单化的残破碎片。[67] 透过新的眼睛，她看清了自己曾蒙一位女神的触摸。而在残破叙事中，抑郁只是疾病，没有给女神留出位置。安扎尔杜亚喜欢月亮超过太阳，因而远离了医学之光。这也让她解放了头脑，为抑郁编出了自己的一套非医学（勿与"反医学"混淆）叙事。

在新冠疫情最严重的时候，我应邀去一个 Zoom 课程当客座哲学家。课程名字叫"新冠时期的哲学"，开设单位是纽约市 92 街的基督教青年会，主持人是我的朋友和同行约翰·卡格（John Kaag）。课程的参与者讨论了自己如何应对周围无处不在的死亡。其中一人告诉大家，他在前一年失去了妻子，"已经什么都没了"，所以新冠对他根本不算什么。他说生命太短，不能怀着怨恨过活。接着是我评论了"救赎性苦难"（redemptive suffering）这个棘手的问题，也就是从很可能没有意义的事情中找出意义；我还说了我不喜欢"学到了一课"这个说法。

那位鳏夫听了有些动气，回应道："我嘛，倒挺喜欢'学到了一课'的说法。"说到那些受尽诋毁的幽暗情绪，比如哀恸和抑郁，其中无论包含怎样的"课"，都只能由当事人自己来"学"。我不知道失去配偶是什么感觉，也不知道自己会如何应对，因为我本人没有体验过那种丧失。当我和学生们分享安扎尔杜亚，我没有告诉他们应该如何思考或要相信什么。我只是向他们讲述安扎尔杜亚的苦难经历，以及她用来重新涂装她的挣扎的语言，希望学生们能对她的哲学思想产生共鸣，觉得这种思想中肯且有益。我确实有许多学生,特别是"对世界敏锐到痛苦"的那几个,在安扎尔杜亚对抑郁的反主流文化态度中得到了慰藉。[68]她宁愿顺应自己,而绝不自称"残破",这向我们展示了不同于"破碎而美丽"的另一种姿态。抑郁的人没有残破。愤怒的人没有残破。哀恸的人没有残破。焦虑的人没有残破。一切怀着dolor的人都没有残破。

我的学生们表示从安扎尔杜亚那里学到了一些教益。但这些教益也可能有点误导,因为它们差一点就把抑郁浪漫化了。但如果接受一个前提,即根除抑郁不可能不伤到抑郁者,那么我们就可以把这些教益看作是在尝试寻找一种共存的语言:要如何带着抑郁生活而又不痛恨自己?

首先,在月光下审视抑郁就会发现,虽然抑郁者不是必须说出自己的经历,但这么做是有益的。我们可以不再相信苦难有任何救赎性意义,但依然在钢琴上弹奏它,在纸张上书写它,或是在一次漫长远足的步伐中绘出它。这些行动未必能帮助人们在抑郁的急性发作阶段好受一些(我猜多半是不能),但是在熬过了最艰难的阶段之后,这样的自我表达就会有益处。安扎尔杜亚提倡"通过治病的疗法及社会活动与各种人以心换心,借此分担压力,分享技能"。[69]安德鲁·所罗门同样在《正午之魔》中写道:"谈论我的抑郁使我更容易忍受它,也更容易防范复发。我推崇公开谈论抑郁经历。"[70]

安扎尔杜亚把自己的创造性表达称为"精神性社会活动"。和乌纳穆诺一样，安扎尔杜亚也认为她的痛苦是触达其他受苦灵魂的一根"管道"（conduit）。[71]同样，所罗门对抑郁的杰出研究假如只是对这种疾病的外在考察，它的信服力连现在的一半都不会到。所罗门的字句诞生于他亲历的剧痛，它们毫不掩饰，他自己也毫无隐藏。按畅销程度推断，《正午之魔》一书已经成了连接全世界受苦人的一根管道。它是书面形式的精神性社会活动，而且不是某种光明面变体。所罗门没有感谢上帝赐给他抑郁，不过他确实用抑郁触达了全世界的情绪左撇子，也向右撇子们展示了和抑郁共存是怎么回事。

但不能因为安扎尔杜亚和所罗门用他们的抑郁经历做成了一些事情，就认为我们也必须这样；也不能因为抑郁可以编入人的自我叙事，就认为我们应该任由自己在绝望的深渊中扑腾。借月光考察抑郁，并不要求我们切断药物和心理治疗、瑜伽和针灸这样的外在干预。安扎尔杜亚的经历不是用阿兹特克神话与西方医学对抗，而是"要柏拉图也要百优解"。安扎尔杜亚在渴望缓解抑郁之时，也考虑过当时可用的各种疗愈之法，比如她曾经"参加自我拓展项目，去匿名戒酒互助会，读自助书籍，听磁带，见治疗师，报名培训机构学习心理／精神／情绪的疗愈技术"。[72] 如果她断断续续的医疗保险能够支付针灸费和药费，可能这两样她也会接受。[73]

所罗门也是，他解释了自己为什么一切都愿意尝试。"抑郁是一种关于感受的疾病，只要感受变好，你其实就不再抑郁了。"如果西药能消除所罗门说的"虚无感"，就说明西药有用；如果舞蹈能够消除，也说明舞蹈有用。如今谁也不必对着抑郁"硬挺"，不能因为抑郁无法根除就干脆不去缓解它。

同样，如果问出要创造艺术是否"必须"受苦，我们就问错了问题。光明喻狡猾地隐瞒了一个事实：许多事情苦不苦，是由不得我们自己选的。或早或晚，我们都会付出活着的代价。我们无法回避 dolor 体验，也不能选择关掉痛苦——哪种医药也没有这种力量。我们唯一能选的，是要不要使用这份痛苦又如何使用，以及如何将痛苦编入自己的人生叙事。我们能问的更恰当的问题是：我要怎么处置我的受苦经历？我现在看见了什么以前看不见的东西？

我的学生们还从安扎尔杜亚那里学到，借月光观察抑郁，并不是要求情绪左撇子们爱上抑郁，就像安扎尔杜亚也不用爱上她的糖尿病。她对抑郁的态度是既接受又痛恨，她那首《愈合伤口》的诗最后是这么写的：

> ……[那伤口]从未意识到，要愈合
> 就须先有伤口
> 要修复就须先有坏损
> 要得光明就须先有黑暗。[74]

即使"碗碟"越堆越高，安扎尔杜亚也绝不反对自己。她拒绝将自己的"流血和扯头发"单单解释成身体或精神残破的标志，而是从中发现了力量与消息。她说自己的抑郁"栖居在夜晚意识的深处"；她有时甚至渴望光明（这很自然），但决不愿为了光明而彻底抛弃幽暗。[75] 她在一封电邮中写道："我的精神似乎无法振作起来。"到了下一封又说："感觉现在这样正是我需要的。"[76] 有了安扎尔杜亚的帮助，我的学生们就能一边痛恨自己抑郁发作，一边又将抑郁的事实整合进自己的人生叙事当中。

安扎尔杜亚和我的多数学生一样是双语者。她能用英语和西班牙语说出幽暗和光明两种语汇，甚至创造了结合得州与墨西哥两种风味的新比喻，借以在月光下探索内在和外在两个世界。若能将思维从非此即彼（"安扎尔杜亚的抑郁要么给予她痛苦，要么赋予她洞见"）转换成亦此亦彼（"安扎尔杜亚的抑郁既给予她痛苦，又赋予她洞见"），我们的语言和口音就能如百花般绽放。

*

最后，如果我们在月光映照下将抑郁想成是个人的问题而非社会性磨难，我们就错了一半。抑郁两样都是。

有些抑郁病例在光芒之下看来很令人不解，比如所罗门竟会在出版一本成功书籍之后陷入抑郁，还有同为作家的威廉·斯泰隆（William Styron）也在赢得一个声望卓著的写作奖项后陷入了抑郁，这类病例被心理学家用来证明一些抑郁是"没有原因的"。[77] 光明喻只将成功这样的"好东西"和幸福配对，于是抑郁就格外费解：既然你一切顺利，又怎么会抑郁？你一定是机能失调了。

我们可以在安扎尔杜亚的启发下这样回答：如果说有什么时候，会有强大的压力要你做一道持续的光，那一定是在你出版了一本书并且得奖的时候。换句话说，在本该幸福的时候冒出来抑郁将你击沉，绝对不会没有原因。在一个强制大家心怀感恩的世界里，你在完全应当心情明媚的时候却做不到如此，本身就足以成为抑郁的一个因素。完成了一项能为你提供多年的意义感和稳定感的工作也是一个。另一个则是超规格的冒充者综合征（这在少数族裔中极为普遍——不意外吧？）。[78] 还有在获得这样的成功之后生怕人生只会一路下坡的恐惧感。要是改成在黑暗中观看，或只用月光照亮，这些在阳光下费解的抑郁病例就好理解多了。

与其认为一个作家在出了一本书、得了一个奖后肯定高兴得飞上九重天，也许不如假定他或许很快会陷入抑郁？不如认为抑郁可能是成功的一个副作用？不如停止自认为知道什么会造成一个人抑郁什么又不会？我们当然不会认为安扎尔杜亚的抑郁是没有原因的，毕竟她自童年起就与家人疏远，还得了好几种病，也一直生活在一个种族歧视、性别歧视外加恐同的文化之中。谁又知道，有多少"没有原因"的抑郁病例，其实却有着和她一样深埋的病根，只是那些病根不会浮上表面，不会在强光下显形？

只要我们的社会对精神健康的讨论还是和"幸福文学"一个水平——比如将健康等同于乐观——那像我们这样更留意社会弊病的人就不会被视为精神健康。面对周围的新冠突变、政治极化，还有世界各地的儿童贫困报告，我们确实非常不满。如果从"应该"的角度来讲，或许最合理的说法是我们"应该"大多数时候都不幸福快乐，在成年后的大把时间里都"应该"抑郁。通过这面幽暗的镜片，幸福更像在厚颜无耻地拒绝和一个残破的世界共情，抑郁则像是社会弊病的症状在个人身上的体现。

如果将抑郁归结为某人的脑子莫名出了差错，而不将它看作一个硬是要我们吹着口哨工作到死的扭曲文化的产物，我们就忽视了一套本可以用来对女性、有色人种和一切受压迫者的工作和生存境况展开批判的工具。我们越是抛开社会对我们的"都应该幸福、忙碌、每天早晨爽快起床"的光明期许，越是多多谈论自己一天天的挣扎，特别是听到社会说我们"应该"幸福时的挣扎，就越会清楚有一个为情绪左撇子准备的家园。我们的人数，很可能比我们设想的还多。

如果抑郁还有许多别的名字，我们的社会将会怎样变化？譬如要是我们都接受了susto，也就是墨西哥文化中的"灵魂恐惧"现象，会怎么样？安扎尔杜亚在《边境》一书中将它描写为任何人都可能经受而且有办法化解的一种磨难。对susto的理解中有一点和抑郁关系最大，就是susto的遭受者"可以自由地休息、恢复，可以退回地下世界而不招致谴责"。[79]社会为什么不能允许我们在床上结结实实躺一个礼拜而不加评判？这样的视角变化（整个社会的变化，不单是个人）是否会改变我们社会的情绪风貌？如果将抑郁描述为社会中的常态，甚至看作女神的造访，抑郁者会少一点残破的感觉吗？

安扎尔杜亚的理念将我们从那些为女人、妻子、母亲和墨西哥人编写的老套脚本中拉出来，由此解放了我们；但她的哲学并不是重新思考抑郁的唯一途径。对于这种极尽折磨的体验，还有其他同样精彩的论述，也足可用来将我们的社会冲刷一番。

我小时候打过篮球。我当时右手很强,在中学的前两年里都靠右手的优势打球。后来我不玩了。我生怕自己的球技配不上大学球队。其实我是没有花时间去训练左臂。而那些一流的运动员、舞蹈家和音乐家都能在球场两边比赛,同时运用双侧身体和双手。很久以来,右撇子都被当成只有一只手,左手只是辅助。左撇子则历来被看作低人一等,因为大家都认为他们的支配手没有用处。就在不久之前,5岁的左撇子在上学时还被强迫用右手写字,有老师时时握着一把尺子威胁他们。左撇子曾被看作残破但可以修补的生物,今天的社会在许多方面仍持有这个看法。更好的难道不是让大家都学会使用双手吗?

安德鲁·所罗门说他去过巴厘岛的一处乡村,那里的人不管耳朵好坏,一概都用手语。所罗门说:"进了那个村子后,我发现,在一个人人都懂手语的环境里,耳聋真不是多大的残疾。"[80] 我们的情绪村庄也可以朝这个方向重新设计,让精神疾病不再像残疾。如果将抑郁叙事变得多元,我们就能建立一个新型社会,让左撇子们感到自己是完整的人,而非有待修补的次品。至于情绪右撇子,无论他们叫自己乐观主义者、阳光人还是跳跳虎,也都会因为学会了使用左手、学会了不带恐惧地感受和体验自己的幽暗情绪而获益。他们甚至可能发现,自己的左右双手原来一样灵活。

这一章的目的不是称颂抑郁的隐藏福报，而是指出抑郁能给我们另外一双眼睛，有了它们，我们不必怀有感激就可以重新涂装世界，还能从个人和社会两个角度更加复杂地诉说我们的种种 dolor。就像安扎尔杜亚，我们可以努力掌握多种语言，在谈论西方医学之外，也说说夸特莉葵和 susto。我们都能为创造"左撇子世界"出一份力，并在其中生活下去。

第 5 章

学会焦虑

2009年,焦虑超过抑郁成为美国大学生的头号烦恼,我自这一年开始在大学任教,在之后的十几年里,我眼看着焦虑在这些青年当中有增无减。[1]一班40名学生,从前只有一两个会从课堂上消失,然后到我办公室来说他们受焦虑所困。但是过去五年,甚至在新冠疫情的压力来临之前,就有多名学生在75分钟的上课时间里数次离开课堂。起初我还感到心虚,以为他们是嫌我讲得太差,接着心里又会用某种刻板印象来挽回自尊:他们肯定是被手机屏幕毒害,无法长时间维持注意力。但后来我渐渐意识到,是焦虑推着许多学生逃离了课堂。我收到许多学生的邮件,和他们做了大量面谈,次数之多前所未有,内容都是他们在社会和个人层面的焦虑。他们有的告诉我自己在接受心理治疗或是在服药,有的申请了学生无障碍服务并得到了正式援助,还有的刚刚知道自己从 6 岁起就有的感觉叫什么名字。[2] "只要感觉到别人在看我,我就没法看别人。""我一坐进课堂就焦虑发作。""我真希望变成隐形人。"学生们先是努力在大学心理咨询中心预约时间,等时间到了又焦虑得没法去赴约。经过这样一次次的交流,我不禁要问:为什么大学生的焦虑变得越来越严重?还有:哲学能帮上忙吗?

比如伊娃这样的学生:她主修哲学,每当她露出似笑非笑的表情,就说明一个精彩的观点要诞生了。她就有理由焦虑。1966 年,距我们 UTRGV 以北五小时车程的奥斯汀发生了得州大学塔楼枪击案,自此校园枪击走入现实。那是第一起发生在大学校园的屠杀,当时伊娃还未出生。到伊娃 10 岁时,又忽然爆发了一场住房危机叠加股市崩盘,消息震惊了男女老少。伊娃 17 岁那年特朗普就任总统,无论她是什么政治立场,她都在成人之路上吸收了大量仇恨消息,有些来自特朗普本人,也有些是针对特朗普的。到 2020 年,新冠又使得伊娃焦虑。每当她的母亲、父亲、奶奶或姑姑走出家门,她都要被迫做好家人死亡的准备,同时祈祷医院别打电话给她。由于伊娃的父母都属于"保民生工作者",早上一醒来,她就自动成了弟弟妹妹的主要看管人,两个孩子都隔离在家,未来还不知要接受多久的远程教育。伊娃没有想到的是，这些经历将她和大学里成千上万名学生置于了相同的生存境地。

当同在一个班上有十名学生依次来到我的办公室，告诉我他们身处焦虑状态，我意识到，他们每一个都认为只有自己有这个问题。他们不知道的是，就坐在他们身边的那个同学昨天也来对我说了同样的话。我决不会去泄密，因此我决定在课堂上笼统地谈谈焦虑，好让他们明白这是多么普遍的问题。幸好那是一门存在主义的课，有的是机会讨论各种幽暗情绪。我想学生们如果知道彼此的处境，他们就不会那样孤单了。连他们的残破感都可能减轻。

一天，在班上讨论丹麦哲学家索伦·基尔克果对焦虑的想法（正是本章的主题）时，伊娃开口了。她已经不是第一次上我的课，但仍觉得当众发言很难。全程盯着地面、只偶尔看我两眼的她，描述了自己与社交焦虑的斗争。她当着全班的面，说了此前私下里对我说过的话：走进课堂对她是件难事。一边的塞缪尔听到点了点头：他大二，辅修哲学，爱穿条纹衫，自称"怪咖"。他坦言自己不久前开车来上课，到了校园却发现没法走出车子。更多人点头同意。讨论奏效了，至少对那天开车来学校并拼尽全力走到课桌前的学生们而言是如此。我很感谢他们愿意展露自己的脆弱，也很开心自己不再是唯一知道他们都在承受类似痛苦的人。

但我没有料到的是，参与这些对话的学生还有另一点共性：他们感受到的除了焦虑，还有羞耻。他们因自己的糟糕感觉而感觉糟糕，一个劲地希望恢复正常的感受。我在校园里看见的那些呼吁洗刷精神疾病污名的海报难道都不管用啊？我问自己，既然焦虑如此普遍，为什么我的学生还为它感到羞耻？我想到，社会对于焦虑的叙述或许使这些大学生，也使我们其他人都感觉更糟，而不是更好了。

关于焦虑有着种种相互矛盾的叙事，致使学生们不可能心安理得地焦虑，就比如我班上的那些。学生们给我的说法不一而足：他们有了一种障碍、一种疾病、一种功能失调、一种化学失衡。应对方法也五花八门：吃药、冥想、写感恩日志、去森林涤荡身心。他们努力想治好焦虑，也愿意寻求帮助，可是在无法驯服焦虑的念头时，他们的感觉会变得更糟。他们虽然付出了最大努力，但一听到那些焦虑叙事仍会感到羞耻：这是因焦虑感本身而产生的糟糕感受。这是残破叙事在起作用；我也怀疑，吸收了"焦虑该当羞耻"这条信息的怕不仅是大学生。

目前仍在流传的焦虑叙事中，最古老的一种是宗教叙事。基督教作家麦克斯·卢卡多（Max Lucado）写过一本书叫《应一无挂虑》,*书中把焦虑和缺乏信仰划了等号。根据卢卡多和许多基督徒的说法,焦虑就表示你对神的旨意还不够信任。这在上帝的眼中是一种罪,但这种罪可得救赎。只要你相信上帝会安排一切,焦虑自会平息。他们说,有上帝掌控万物,实在没有什么好焦虑的。

第二种焦虑叙事来自先逝的哲学家们,但它在当代心理治疗师中存活了下来。古代的斯多葛派认为,焦虑等于理性思考出了差错。他们提出,你焦虑不是因为你有罪,而是因为你的信念出现了混乱失调;要缓解焦虑,须将自己扭曲的思想捋直。我们在前几章已经看到,古代希腊和罗马的斯多葛派认为,要控制自身的情感,须先控制自己的思想。曾做过奴隶的哲学家爱比克泰德说,思想和情感都"由着我们自己",不像名声和财富多半在我们掌控之外。如果情感令我们痛苦,那么改掉它们内心就平静了。[3] 通过一系列延续终身的操练(它们已在当代世界复兴),比如写信、记日记、改写有害的叙事、冥想、与朋友交谈和想象暴露疗法,一个斯多葛主义者就能收服散漫的情感,使之听命于理性。

如今斯多葛主义的世界观已经复活,并由认知行为疗法

---

* 书名原文 *Anxious for Nothing*,出自腓立比书 4:6。——编注

(CBT）给予了科学背书，这种疗法对焦虑的解释，以及为缓解痛苦而制定的练习方式，都和斯多葛派非常相似。有一家"超棒心灵"（VeryWell Mind）网站，号称是"获得嘉奖的资源，关于对你最为紧要的精神健康话题，收录了内容可靠且富有同情的最新信息"。这家网站上说：

> CBT的前提是你的思想（而非你当下的处境）影响了你的感受以及随之产生的行为。因此，CBT的目标是辨别并理解你的消极思维和无效的行为模式，继而代之以更符合现实的思想、更有效的行动和应对机制。[4]

和斯多葛派一样，认知行为疗法也说是我们自己而非我们的处境决定了我们的"消极思维"和"无效的行为模式"。如果你感到焦虑，一个认知行为派治疗师帮你剥离焦虑的方式，是劝你相信是你的思想在自我挫败。如今有百万千万的人认为这套逻辑能给人赋权，CBT也被奉为了焦虑的金标准疗法。[5] 认知行为治疗师曾帮助无数人管理焦虑，一如他们的哲学祖师曾经做的那样。

我的一些学生也尝试了CBT。他们学到了要将自己的焦虑解释成理性思考出了差错。但他们中的绝大多数又陷入了另一种关于自身苦难的叙事,也是他们最常向我提起的叙事:说自己出了化学方面的岔子——脑子坏了。

今天关于焦虑的主流叙事是精神病学家提出的,他们将焦虑称为一种"化学失衡"。其实科学家早已经推翻了这个大约诞生于 20 世纪 90 年代,认为焦虑就是一种血清素短缺的观点,但它至今仍广有信徒。在这三种叙事中,化学失衡说是我的学生在谈论自己的焦虑时最常讲的。他们相信,无论宗教忏悔还是心理治疗都无济于事,只有化学能将他们治好。

认为焦虑是一种医学疾病的观点其实并不新鲜。不能说古代哲学家一概把焦虑称作灵魂问题,是我们现代人带着脑扫描仪进来把水搅浑了。[6] 早在公元前 5 世纪,古希腊医生希波克拉底就讲过一个病例,说某男子夜里听见有人吹笛子就觉得害怕。该男子在白天一切正常,但到夜里听见笛曲,就会体验到"大团大团的恐怖"。[7] 希波克拉底将这个情况诊断为一种医学障碍。类似的,古罗马政治家西塞罗(也是我们在"哀恸"一章认识的那个教人有些尴尬的斯多葛主义者)也认为焦虑不单是一场"精神的不适",而是一种具有身体表现的医学疾病。[8]

古代与现代的区别,不是现代人把焦虑医学化了,而是现代人认为有能力治疗这种疾病的医生变少了。西塞罗在谈到治愈灵魂的医生时,指的是哲学家,哲学家开出的是另一类药方:

用更好的方式来思考和谈论使我们不安的事物。换言之，哲学家是最早的心理治疗师：柏拉图可比百优解早多了。

西塞罗和其他古人也同时相信医生的价值。但有一点关键的不同却区分了古人与今人的思维方式：古人认为哲学家可以帮人治好身体的疾痛；今天的我们是不相信的。譬如说，我有一个朋友从哲学系毕业并拿到了哲学博士学位，他的母亲骄傲地向亲友介绍他是一位doctor（博士/医生）；但接着为避免亲友误会，她又赶忙补了一句："……不是能帮人治病的那种。"

当西塞罗号召爱智者（philosopher[哲学家]一词的字面义）来治疗焦虑时，医生和哲学家都不高兴了。希波克拉底这样的医生不希望哲学家来掺和医学问题。（就连公元2世纪的盖伦，虽然兼具医生和哲学家双重身份，也不喜欢斯多葛派用"疾病"和"药物"之类的医学比喻来描述哲学上的dolor。）[9]而哲学家不高兴的是，他们不认为焦虑是纯粹的医学问题。焦虑当然有身体上的表现，却也是心灵和/或灵魂的骚乱。当斯多葛派提出"焦虑是思维失调"的叙事（和今天CBT使用的叙事相同）时，他们在勇敢地尝试从医生手中抢走焦虑，不让医生宣布那是纯粹的医学问题。斯多葛派不想把焦虑者称为病人，但他们又想帮焦虑者达到"无忧"状态。而到了20世纪，哲学家又将焦虑拱手让给了那些"能帮人治病"的doctor。当灵魂变成了脑，哲学家也失去了精神病医生的工作。就像希波克拉底希望的那样，在现代之光的照耀下，焦虑变成了如假包换的医学疾病。但这番变化不是一夜之间发生的。哲学家直到20世纪才被迫停止了扮演医生，这都要拜西格蒙德·弗洛伊德和埃米尔·克雷佩林的分歧所赐。

和他的斯多葛派前辈一样，弗洛伊德也认为最不该治疗焦虑的就是医生。弗洛伊德是神经病学家出身，但后来将专业换成了心理学，因为"一名医生在医学院所受的培训，多少会与他从事精神分析所需的准备相抵触"。弗洛伊德相较于医生更像哲学家，他认为像焦虑这样的心理疾病遭受了过分的医学化，而且医生们还被培训得采取了在他看来是"错误而有害的态度"。[10]

20世纪20年代，弗洛伊德给"焦虑"取了它的现代名字。在那之前，焦虑只被叫作"乱了心气"（vapor）、"泛恐惧症"（panophobia）和"神经衰弱"（neurasthenia）。弗洛伊德提出的名称是"焦虑性神经症"（Angstneurose），并将这种状况归结为情欲受挫。后来他的这一立场有所缓和，转而将焦虑联系上了对惩罚和抛弃的恐惧：我们感到焦虑，是因为害怕失去人生中最重要之人的爱。弗洛伊德的观点永久性地打开了两扇大门，心理治疗和药物，而后面这扇他宁愿从来没打开过。

克雷佩林和弗洛伊德生于同年，是一名精神科医生，他相信精神疾病也可以用科学方法理解。和希波克拉底一样，他也希望焦虑之类的心病能作为医学问题来治疗，而不要归入神学、哲学甚至心理学的范畴。由于克雷佩林的影响，教士和哲学家都被看作成了科学上的落后分子，必须靠边站了。从那以后，每过一年，传统的谈话治疗师都要向神经病学家和药理学家让出部分领地。自1955年起，大批涌入市场的药物一直向焦虑者保证服药能帮他们感觉好转——患者也不用知道ataraxia（无忧）这个词怎么读了。你如果心里焦躁骚动，不必再去咨询灵魂的医生。从现在起，都交给精神科医生和制药公司处理就行了。

当1952年《精神障碍诊断与统计手册》（*DSM*）第一版由美国精神病学会（APA）出版之时，精神疾病的科学化程度就已经超出了克雷佩林的想象。焦虑第一次见于*DSM*是1980年的第三版，到2005年时已被列为"最普遍的一种心理困扰"。[11]自克雷佩林以降，对焦虑的科学化已使它成为每年成千上万项科学研究的对象，这些研究对焦虑的关注都是重化学而轻直觉、多统计而少个案的。

如果焦虑仍是一宗罪，更多的教士就会上岗。如果它仍被普遍视作"认知扭曲"，开出的处方就会更少。而"焦虑只是一种医学疾病"的叙事一经出现，焦虑者就变成了需要医学干预的病人。眼下，焦虑的精神病学叙事正在这场叙事竞赛中胜出，认知行为疗法的叙事紧随其后。有时我们会将这两种叙事合并：既吃药，也做认知行为练习。和抑郁一样，将焦虑列为 DSM 等医学手册的正式条目有一个巨大好处：处方中那些可能挽救生命的干预手段，都可以由医疗保险支付了。

但把焦虑描绘成纯粹的精神疾病也有一种风险：像伊娃这样的焦虑人士，可能因此认为自己的焦虑更类似于患者还不到人口 1% 的精神分裂症，而不是所有人都会受其影响的一种人类境况。将焦虑医学化或许会使焦虑者感到更加孤独。医学之光会遮蔽焦虑的人性一面，也更容易造成过度诊断，在这个受经济利益驱动的医学与工业复合体中尤会如此。

我们中爱挑刺的人有时会觉得，《精神障碍诊断与统计手册》是把各种社会适应不良及合理的人生挣扎，包括焦虑，都说成了医学疾病。当保险公司要求我们出示医学诊断才肯支付治疗费时，我们会挑起眉毛，偶尔还会抬高嗓门。看到药企卖出许多化学物质大赚其钱，不管医生的诊断准不准确，也不管药物是帮了还是害了病人，我们总会坐不住。一些人就是觉得不合理：1/3 的美国居民被诊断出焦虑症，难道脑子全都坏了？

我们中的一些人也开始怀疑，这么高的数字会不会是那个主流的焦虑叙事造成的？假如我们这个社会讲述的是焦虑的存在主义叙事，而非医学叙事甚或斯多葛派叙事，这个比例或许会降低一些。假如我们认识到焦虑有一大部分只是身而为人的结果，并且焦虑本就在良好生活中不可或缺，或许伊娃和其他焦虑者眼中的"不成比例"就会变化。假如不是周围时刻充斥"生活、欢笑、爱"（Live Laugh Love）印刷品，或许我们的焦虑就不会显得那样极端了：假如没有人命令我们去生活、欢笑和爱，或许我们反倒能做得更好。或许我们中只有很少的比例患有严重到精疲力竭的焦虑障碍，而其他人的焦虑都只是轻中度。然而，如果社会对焦虑的期望是直降到零，非要每个人百分之百"保持冷静继续前行"，那么任何一点焦虑都会显得太高。

还有没有什么别的焦虑叙事，可以让我的学生和其他学生们对它少感到一点羞耻？

在谷歌上搜索"焦虑和羞耻"会跳出一大堆大众心理学博客、青少年杂志文章和学术论文，都在说为什么焦虑者容易感到高度羞耻。所谓羞耻就是因自己的糟糕感觉而感觉糟糕，就焦虑而言，就是因自己的焦虑感而感觉糟糕。许多人都会同意，因焦虑而感到羞耻毫无必要，它只会让一个本已痛苦的处境平添悲惨的折磨。在社会层面，我们还没有为焦虑羞耻找到一个好解释。我们可能认为，羞耻的原因是焦虑者没有认识到焦虑障碍的普遍性。照着这个思路推理，他们只要了解自己的焦虑是多么常见，就不会感到那样残破了。

现在有不少大型宣传都旨在减轻或消除围绕精神疾病的污名，MakeItOK.org 就是其中一项。它的大部分工作都是为了让人们谈论自己的精神疾病，每当有名人站出来坦白自己的焦虑或抑郁，都是对这项运动的促进。这背后的原理，是宣传精神疾病能使得病的灵魂少一些孤独感，并引导他们寻求治疗。

化学失衡叙事也是这个去污名化策略的一部分。"错的不是你，而是你的脑"，这个口号是在竭力尝试将责任从个人身上卸下。支持这个叙事的人认为，你的脑中出现化学失衡，并不是因为你做错了什么（在他们的叙事中，你既不是罪人，也不是在理性思考中出了错）。医学叙事将焦虑和吸毒、酗酒并列为疾病，当事者一度被当成罪人，但现在据说只是患病罢了。照这个逻辑推演，焦虑既然已成为一种疾病，人们就不必再为它感到羞耻。焦虑了去看医生就是，就像你断了一根骨头那样。

虽然这听起来颇有益处，但化学失衡叙事作为一种去污名化策略也有其瑕疵。首先，为焦虑这样的精神疾病去除污名会产生一种讨厌的副作用：它反而会强化与严重精神疾病（SMI），如双相障碍和精神分裂症相伴的污名。将焦虑者或抑郁者统统放到"精神疾病"的名目下产生了一个意外后果，就是这些患者会积极指出自己不是像其他病人那样的"疯子"。[12]

其次，也是影响或许更为深远的一点，就是单单去除焦虑的污名并不能使焦虑者感到尊严。消除了羞耻，不等于说服对方他们有尊严了。即便大家完全接受了焦虑是影响所有美国人的一种普遍疾痛，焦虑者仍会被称作"病人"。焦虑者对焦虑感到羞耻，部分是因为残破叙事说他们是残破的。焦虑的"脑病"叙事或许能使伊娃和其他焦虑者少一些孤独感，但并不能让我们感觉完整、有尊严或是有人性。

听我的学生们谈论焦虑羞耻，他们困扰的不是不知道别人也焦虑（虽然他们确实不知道），而是无法在焦虑中看到尊严。焦虑可不像断一根骨头这么简单。看看 APA 是如何描绘它的：

> 焦虑是对压力的正常反应，在有些情境中可能有益。它能提醒我们注意危险，并帮助我们做好准备、集中精神。焦虑障碍有别于正常的紧张感或焦虑感，其中包含了过度的恐惧或焦虑。焦虑障碍是最常见的精神障碍，近 30% 的成人会在一生中某个时刻受其影响。不过焦虑障碍是可以治疗的，目前已有若干种有效的疗法。治疗能帮助大部分患者过上正常而有成效的生活。[13]

这段关于焦虑的描述，重点不在焦虑的正常或有益，而在于它有办法治疗。APA 表面是在安慰人，说他们有机会过上正常而有成效的生活,言下之意却是他们目前的生活还算不上。伊娃对自己的焦虑感到羞耻,就像 C. S. 易斯对自己的哀恸以及乔蒂对自己的 dolor 感到羞耻一样。APA 的确说了焦虑可以"正常"且"有益",但它越快谈起疗法,就越快露出了马脚。一旦它提起 30% 的人有焦虑障碍,"正常"焦虑和焦虑"障碍"间的区别就开始瓦解。1/3 虽然还构不成多数,但已相当接近"正常"了。

在医学叙事上再叠加斯多葛派/CBT 叙事,作为听众的我们,对焦虑的羞耻就会变得更加复杂。医学叙事围绕的是脑和化学物质,斯多葛/CBT 叙事则着重焦虑者的"消极思维"和"无效行为模式"问题。别忘了,CBT 的目标是驱逐消极的思想和行为,"代之以更符合现实的思想、更有效的行动和应对机制"。[14]那么,焦虑者到底是内心残破还是缺乏理性?或者两样都是?

斯多葛/CBT 叙事说,我们自己要为固执于有害思想,包括固执于焦虑负责。"幸福系于个人选择"是很诱人的想法。这种信念自 20 世纪 50 年代起已经支撑了成千上万本自助书籍。好的一面是它常能奏效:有无数焦虑者确实从认知行为疗法中得到了帮助。他们改掉了原先破坏性的思维模式,焦虑感也随之降低。他们更好地适应了一个容不下焦虑的世界,这一点是有意义的,我不想否定。

可是当 CBT 不奏效的时候,你就要当心了。这时候,责难就会结结实实落到焦虑者本人头上——海顿·谢尔比（Hayden Shelby）就是其中一例。她曾相信 CBT 能帮她"踢开消极思维模式"，并在《石板》（*Slate*）杂志上撰文介绍自己的 CBT 体验。她写道："我关于 CBT 获得的信息，总结起来 [相当于]……它是成立的，所以应该有效；如果没有起效，就是你努力不够。"[15] CBT 虽然已经帮助了许多人，但它仍然犯了和许多善意的自助书籍一样的错误，就是将太多压力加到了个人头上，逼着我们将自己从苦难中解救出来。推动 CBT 的古代斯多葛派理论，本意虽然为我们赋权，主张控制自己的思想就能控制情感，结果却是让个人为自己的消极情绪负责。换一种说法，就是 CBT 没有去质疑造成焦虑的社会特征，这个缺点和那些应对愤怒的治疗策略是一样的。CBT 目前的假设是我们的人生走廊已然被两侧的墙限得很窄，墙中的龙骨已经固定，无法调整。我们能做的只有在情绪上挤压自己，以适应一个容不下焦虑的世界。

我们的责任甚至包括凭一己之力摆脱羞耻。科学家和自助书籍都认为羞耻不利于健康；他们还说，好在我们能通过停止消极的自我对话来改善处境。我们"要善待自己"，"要像对朋友一样和自己对话"，"不必感到羞耻"。在这些光束的照拂下，就连焦虑带起的羞耻感，也成了我们对自己做的坏事，而我们自己可以决定停止不做——如果不想再感到羞耻，就去接受心理治疗，或是读一读《对自己说话该说什么》(*What to Say When You Talk to Yourself*)就是了。

试想你告诉一个患贪食症*的人，她不必再对自己说那些何种身材好与不好的有毒故事。她只要同意改变思维，就不会觉得有催吐的必要了。言下之意就是，千百万向自己讲述这类有毒故事的各年龄女性（现在这样的男孩也变多了，值得警惕），她们的最好出路就是一个个去寻求心理治疗。但这个办法忽略了一个问题：那些有毒故事，是千百万贪食患者自己对自己讲的呢，还是她们在洞壁上读到的？

我们至少已经认识到了一点：针对身体形象的耻感，在关系到进食障碍时，并不是简单的个人现象，而是社会现象。"身材羞辱"一词开启了关于羞耻的有益讨论，关于焦虑和其他精神疾病的探讨也有望顺着这条路子进行。"身材羞辱"拒绝了两种提议，一是将贪食症当作个人的问题对待，二是认为贪食患者的耻感是自己造成的。相反，这四个字将罪责推向了社会，是社会向年轻人灌输了什么才是好身材的有毒观念。

对于焦虑羞耻，我们可不可以也这么说呢？焦虑的人没有

---

* 全称"神经性贪食[症]"(bulimia nervosa)，又名"暴食清除型厌食"，是一种严重的进食障碍。患者会发作性暴食，后又在羞愧和担忧中自我催吐、催泻。——译注

发明"焦虑是一种障碍"的说法。他们不是自己决定要没来由地感到羞耻的,就像他们不是自己决定要没来由地开始焦虑的。而斯多葛/CBT叙事除了将羞耻看作自我造成之外,还把它描述成了一种个人问题。焦虑者吸收了一个信息,即他们的焦虑可以治疗,并且要由他们自己去寻求治疗,难怪他们会觉得自己除了生病,还另外背上了一副担子。这种"我们可以也应该停止自感羞耻,可以也应该停止焦虑"的观念,是洞壁上的一个影子——自助书籍说幸福要由我们自己创造时,投下的也是同样的影子。

不错,认知行为疗法(常常)奏效。人类确有一种改变思维的惊人能力,如果每一位焦虑者都寻求单独治疗,我们可以挨个做到这一点。可是,当我们责怪在洞壁前老实观看影子的囚徒,而不去追究那群投下影子的木偶师,我们又错失了什么?比如,与其敦促大家都来接受治疗,我们这个社会的思想领袖至少可以考虑另一种可能:产生焦虑羞耻的原因之一,是(几乎)从没人将焦虑公开描绘成一种智能类型。[16]

焦虑是痛苦的,往往并不愉快,有时还令人精疲力竭。但是焦虑者最不需要的,就是在焦虑感之外平添羞耻感。只要焦虑还在和残破画等号,焦虑羞耻就必会相伴。伊娃不是有意要自感羞耻。她只是一直在注视一片影子,那影子把焦虑描绘成了一种功能失调。这时你告诉她，只要闭上眼睛不看那影子就行了，就算你说得没错，对她也是种侮辱！

那些今天仍在述说焦虑叙事的人，其实都在不经意地宣扬光明喻。他们被影子迷住了，误以为影子就是真相。说焦虑可能使人精疲力竭不是谎言，焦虑成为公众谈论的话题也不是没有益处。自新冠疫情以来，我的学生们就开始更自由地谈论他们的精神健康诊断了。但有一件事却至今仍未改善：在一个一点点焦虑就要被视为功能障碍的社会里，还会产生更多像伊娃这样感到既焦虑又羞耻的人。

残破叙事在伤害我们——同时也在给我们的焦虑火上浇油。除了视之为疾病，就没有别的法子来看待焦虑了吗？除了更多的去污名化运动，我们还需要一套更完整的焦虑叙事，这套叙事要振作而非贬抑人的精神，它不能教我们和自己作对。比起轻飘飘说一句"你不孤单"，我们还可以做得更好。

索伦·基尔克果对焦虑的分析就做得更好。它赋予了焦虑尊严，又不淡化它造成的苦痛。虽然从他的基督教立场出发，基尔克果终究认为信仰才真的有助于我们从焦虑中学习，但即便你不是基督徒，也能和信徒一样借鉴他的一个有力观念：我们应当接近焦虑，而非逃离。

基尔克果 27 岁时，爱上了 14 岁的女孩雷吉娜·奥尔森（Regine Olsen），这份爱他至死方休。三年后他向她求婚，她答应了。可是一年之后，他又取消了婚约，也伤了雷吉娜的心。她求他重新考虑。她的父亲也来求他。可是没门。基尔克果绝不让步。

在过去近两百年间，全世界的基尔克果迷都在纳闷：为什么他忽然不愿娶雷吉娜了？毕竟他曾在给这位女性的一封信中宣告，如果上天给他七个愿望，他会将同一个愿望许上七次：

> 无论是死、是生、是天使、是王侯、是权力、是现在、是将来、是崇高的、是深刻的，还是任何别的生灵，都不能让我离开你或你离开我。[17]

为什么后来他却自己离开了雷吉娜呢？基尔克果将这个决定归咎于他"先天"的焦虑，他说这种感受他在母亲肚子里时就有了。他已经无法想起焦虑产生之前是什么样子，他在日记中可怜地自问，为什么他不能"像其他孩子一般茁壮成长"。"为什么我不能为欢乐萦绕，为什么要这么早就凝视起那片叹息之境？"[18] 小索伦从来不是个无忧无虑的少年，也不是奥黛丽·洛德那样的野孩子。像我们中一些自觉偏离了正常的人一样，他也自问道：为什么是我？为什么我和别人都这么不一样？

在总计数千页的 16 本著作和 12 卷日记中，基尔克果写到他母亲最多的部分就是他提到自己胎儿期的焦虑之时。他母亲安妮·伦德（Ane Lund）本是基尔克果家的女佣，后来成了米凯尔·彼泽森（Michael Pedersen）·基尔克果的夫人。米凯尔的第一任妻子不幸早亡，没留下子嗣，而安妮则给他生了七个孩子，小索伦是最后一个。这不是一个幸福的家庭。索伦 21 岁时，他母亲和五个哥姐已经去世，留下父亲在悲伤和自责中沉沦。[19] 他推断这是上帝在向他报复，因为多年以前，那个成天挨饿的日德兰小男孩曾经向上帝举起拳头。当时的米凯尔一贫如洗，绝望之下咒骂了上帝。然而上帝没有当即惩罚小米凯尔，而且先把他送去哥本哈根，让他成了丹麦的一位巨富。米凯尔始终没有忘记自己的咒骂，他很笃定，就在他习惯了拥有众多之后，是那个记仇的上帝出手将他的妻儿一个一个夺走，作为对他儿时行为的报复。

家破人亡之后，只剩下彼得（"正直的儿子"）和索伦（"已然身败名裂的聪明小伙"）陪在他们那位饱受摧残却仍笃信宗教的父亲身旁。[20] 到索伦 25 岁时，父亲也死了，给索伦留下了一大笔遗产。索伦的计划是当一名自出版的作者，到 34 岁时再像哥哥姐姐以及基督那样死去。他没料到自己会一直活到 42 岁，那时他焦虑的重心就会变成没有足够的钱支付医院账单了。

基尔克果的焦虑主要是宗教上的。他在一本用化名出版的书中，讲了一个父亲向孩子展示一系列形象的故事。其中有一个形象是威风堂堂的拿破仑。另一个是威廉·退尔正搭箭要射儿子宝贵头颅上的那颗苹果。*第三个"故意夹杂其中"的，是钉在十字架上的耶稣基督。

孩子并不会马上理解这张图片，连浅表的理解也做不到。他会问这图是什么意思，为什么这个男人挂在那样一棵树上。这时你就可以向他解释，这是一副十字架，把人钉在上面是一种刑罚，在那个国家，钉十字架是最痛苦的死刑。[21]

这一场景很可能是小索伦的亲身经历，因为我们知道，他父亲的基督教信仰强调的是基督所受之苦而非他的喜悦。基尔克果写道，这样解说会使孩子陷入焦虑，他"开始为父母、为世界也为他自己害怕起来"。[22] 他的父亲米凯尔·彼泽森的人生一直为一片"幽暗的背景"所笼罩，索伦在继承财产的同时也继承了它。"我父亲用焦虑注满了我的灵魂。"基尔克果在日记

---

* 威廉·退尔（Wilhelm Tell），瑞士民间传说英雄，因拒绝向国王的帽子行礼，作为惩罚，总督命他射掉儿子头上的苹果。——译注

中写道。这股焦虑由父亲传给了儿子,一道传下的还有"他那可怕的抑郁,其中的许多成分我连写都写不下来"。[23]

有感于父亲的忧郁,基尔克果"对基督教产生了一种焦虑,但同时又强烈地为它所吸引"。[24] 和许多人一样,基尔克果的焦虑也是由基督教触发的(他父亲的忧郁可能也部分起源于此)。爱情也是他焦虑的一个原因。

就在执意废除婚约后不久,基尔克果又做了一个决定:他宁愿雷吉娜嫁给别人,也不要她再爱一个深陷焦虑的人。他打算让整个哥本哈根认为他是一个无赖,先引诱了雷吉娜而后又抛弃了她,那样就可以牺牲他的名声保全雷吉娜一家的尊严了;但这也意味着,雷吉娜本人也可能如此认为。"我现在依然深陷焦虑。"他在日记中写道。他担心:"万一她真开始认为我是个骗子怎么办。"[25] 基尔克果不希望雷吉娜认为他是虚情假意并因此恨他。可他同样接受不了被她看出他的欺骗是出于爱情:要是被雷吉娜发现他取消婚约是为了不该让自己的哀伤连累另一个人,她就会把他看作一个堂吉诃德式的英雄而非花花公子,并可能因此坚决不离开他了。

我们永远无法知道雷吉娜的想法了。她后来嫁给了别人,迁居到丹麦之外。我们知道的是基尔克果终生未婚,一辈子只和焦虑、绝望,还有一只空柜子相伴——雷吉娜曾央求基尔克果让她住到他起居室的一只柜子里，好让她能接近他又不打搅他的工作。等到两人最终分手，基尔克果定制了一只与雷吉娜体型相当的柜子，作为对她的纪念。那是他在哥本哈根基尔克果博物馆中展出的寥寥几件可怜财物之一。

基尔克果用化名写了好几本书，里面都提到了他和雷吉娜的情缘。其中有些把他塑造成辜负雷吉娜的骗子，还有的把他描绘成一个焦虑且抑郁但始终爱她不渝的人。他后来寄了其中几本书和一封信给雷吉娜，但这包东西很快被雷吉娜的丈夫退了回来，压根就没打开。其中的一本书就是《焦虑的概念》(*The Concept of Anxiety*，中译本名为《恐惧的概念》)。

天生焦虑的小索伦注定要成长为 Virgilius Haufniensis（港口守夜人），他的《焦虑的概念》署的就是这个化名。[26] 这位守夜人在哥本哈根城中巡视，就像一位焦虑的母亲为让孩子们休息而整夜不眠。此书出版于 1844 年，也就是婚约解除后三年，在书中，基尔克果开创性地对焦虑做了令人信服的分析。即使他和 C. S. 刘易斯一样并不太能相信自己对于焦虑的正面分析，但我们可以。在我这个教师看来，相较于心理学和精神病学的光芒，倒是这个幽暗而悲伤的叙事更有可能帮到我那些焦虑的学生。因为首先，这位"忧郁的丹麦人"对焦虑的分析并非源自光芒。其次，这分析也没有许诺回归正常。

*

我不会在第一堂存在主义课上就谈论焦虑。我会先问学生，有一枚紫色药丸，吃下后能保证没有痛苦地度过一生，他们会不会吃。有少数几个学生说不会，他们不想把生活中丑陋的部分（痛苦和恐惧）统统交出，只留下好的；他们希望人生能够高处够高，低处够低，对人造的幸福没有兴趣。但至少也有一部分学生说了会吃，他们的思路是希望能够多来点刺激，多来点冒险，多多享受生活；他们说痛苦和恐惧只会妨碍他们活出自我，少了这两样，生活会容易得多。

说"会"的学生不明白的是，少了对痛苦和恐惧的感受，反而会成为人所能经受的最危险的磨难。比如先天性痛觉缺失，患者无法在受伤部位和脑之间形成恰当的通路，手挨上滚烫的炉子也不知缩回。还有一种乌-维二氏病（Urbach-Wiethe disease，即类脂蛋白沉积症），会导致脑内感受恐惧的杏仁核受损。20世纪80年代，研究者报告了一名代号SM-046的患者，她不知恐惧为何物，因此一生中屡遭陌生人和亲友的身体虐待。[27]

比起这两种病症，普通人对痛苦和恐惧的感受就显得像超能力了。我们感受焦虑的能力也是如此。苏格拉底曾经告诉别人，他走到哪里都会有一个小小的声音跟着，他称之为自己的精灵（daimon），如果他要做一件危险或不合伦理的事，精灵就会发出警示。或许焦虑就是我们的精灵。

基尔克果不接受焦虑是一种不完美的观点,他甚至说拒绝焦虑是"拘谨的懦弱"。他写道:"伟大的焦虑宛如先知,预言着奇迹般的完美。"[28] 如果说完美是一个我们永远求之不得的奇迹,那么焦虑就能告诉我们如何离这个奇迹更近一些。它是一个声音,提醒我们真实而又不确定的危险。它会说:"走错路了!""别进那个房间!"一个人感受不到焦虑,就和他感受不到恐惧或痛苦一样危险。只有动物和天使不会焦虑,基尔克果如是说(虽然今天我们得问问他怎么就这么确定)。[29]

他其实要说的是,遭受焦虑之苦总比根本体会不到焦虑要好。基尔克果认为焦虑绝不是医学上的一种疾病,反而是人类独有的一种力量。无论会误导我们几回,焦虑都永远是一种正确的智慧……关于某些事情的智慧(焦虑的误导性也许是它最坏的一面)。用基尔克果的模型来估算,焦虑的不是三成的美国人,而是十成的全人类。我们即使不愿参考可怜的基尔克果来规划人生(他常常做不到实践自己宣扬的道理),也至少可以先接受"焦虑完完全全属于人类"的观念。

基尔克果将焦虑称为"能力的无限可能"。[30] 它是我们每次面对选择时都会有的感受。无法知晓某个选项的可能后果就会使人焦虑。也令人兴奋,基尔克果补充说。

这种兴奋型焦虑在孩子身上有充分的体现。前不久《纽约时报》刊文指出"刚会走路的孩子也免不了"焦虑,而基尔克果在《纽约时报》之前近两百年就得出了这个结论。[31] 在丹麦语中,angest 一词可以译出对未发生事物的"忧虑"(angst)和"畏惧"(dread)两层意思。其中还包含了一点精力焕发的元素,但程度及不上西班牙语的 ansioso,即"迫切"或"兴奋于"。相比之下,英语中的"焦虑"(anxiety)如今已经完全偏向了负面意义。丹麦语和西班牙语一样,都抓住了焦虑中除恐惧之外的一点兴奋之情。

我儿子 5 岁的时候,一做错事情就咯咯笑。我当时只觉得他是厚脸皮,后来才明白这咯咯的笑声是他的焦虑在说话。到 8 岁时,他又告诉我他喜欢"匆匆忙忙"。一想到有什么事情快赶不上了,他就会心怦怦跳。我告诉他这种感觉就叫焦虑;焦虑有时候很好玩,有时也给人压力,常常是两样都有。然而当我们把焦虑描绘成单一的感受,比如只有痛苦、艰难或者不悦时,它就很难再改进了。[32] 如果不能在焦虑中看出任何赋予生机的东西,我们看到的就只有影子和半吊子的真相。

基尔克果认为,人会焦虑是因为面前有种种可能,当其中包含犯错的可能时,焦虑便会增加。[33] 在基尔克果的叙事中,考试作弊或恋爱出轨的学生会比诚实的学生更容易焦虑,虽然未必会表现出来。"禁忌唤醒了[他们]心中自由的可能。"[34] 我的学生们大可以焦虑,其他人也是如此。无论你是一个孩子,一名欺骗者,或只是正在过周二的一个普通人,意识到自己可能搞砸就会推高你的焦虑水平。[35]

带着可能把自己的人生搞砸的觉悟生活,这种人类境况就叫"自由",我的学生在没读过基尔克果这样的存在主义者之前都认为这是个好东西。他们从小就觉得自由是美好的,焦虑是可怕的。我的意图是截断这两个假设并翻转它们,直到大家都认同自由也很可怕,而焦虑也充满了生机。

到街上问一个人他愿意选择自由还是不自由,对方多半会选择自由。我的学生们就是如此。自由意味着可以去度一个假、辞一份工,或是在婚礼上反悔。可是你再要问他,是否愿意为了度假、辞工和悔婚的后果担责,那人或许就动摇了。自由永远包含着搞砸的自由。

从哲学上说,别人给我们的最饱含焦虑的忠告之一就是"只要你决定了,做什么都行"。你可以对一个不知此生想做什么的大学生说这句话,看看他的反应;也可以对一名刚刚离开丈夫,正经历着一段头晕目眩的自由的妇女说说看。这句忠告里的"什么都行"正是我们焦虑的原因,虽然它乍听之下还颇有盼头。焦虑的人能立即在悦耳的流行语里嗅出负面的配置。"一切皆有可能"意味着我的家庭可能破碎，一个学生可能端一把枪来教室里杀我，一枚炸弹可能在地铁站爆炸。令我们充满焦虑的正是这个"一切"，因为这本就是一个一切都可能发生的世界。如果你曾在深夜里焦虑地等待亲人回家，你就知道"一切皆有可能"有多么叫人难以入眠了。

基尔克果将焦虑称为"自由的眩晕"。[36] 他向我们呈现的是一个孤独的人握紧拳头俯视深渊的意象。就算我们学着"做一个成年人"，努力挺直身子做出选择，我们也毕竟只是一群摇摇晃晃的生物，看向哪里也不会向下张望。当代心理学家将这种半心半意的选择称为"漂移"（drift）。上大学、结婚、生孩子，这些在外人看来都是自主选择的结果，但当我们走上这几条道路时，却往往没有充分考虑其余的选项。我们常常选的是社会期许我们的事，因为不这么选要比迎合社会的期许艰难得多。漂移是我们背着自己做出的选择。我们选了，却没有真选——就像我班上那几位主修护理的学生，她们选这个专业只是不想让父母失望，但其实她们看到血都受不了。

法国存在主义哲学家让-保罗·萨特读到基尔克果将焦虑描述为自由的眩晕之后又有补充，说俯视深渊可能使人犯恶心，感觉天旋地转。"凝望深渊"是你在明白了你完全有自由自毁人生之后的那种糟糕感觉。在心底里我们都明白，自己的行为大多还是要自己负责，无论那是有意选中的还是漂移进去的道路。完全身不由己的处境其实少得惊人，萨特说。

在基尔克果、萨特和其他存在主义者看来，没有在抉择面前体会过眩晕，我们就不可能诚实地生活——因为那样就不可能有意图地生活。深渊召唤我们对它俯视，逼着我们直面彻底失败的可能。当我们呆呆地划着Instagram上的照片打发时间，后悔就在未来等着我们。对选择闭上眼睛，并不能在日后使我们免于悔不当初。[37]自由就是会使人眩晕。它既美妙又悲惨，最重要的是它代价高昂。自由的代价就是焦虑。

萨特指出，人为了稳定住自己，有时会对自己的角色过分认同。我们全心拥抱"母亲""总裁""学生"的身份，就好像这些固定身份能让我们不掉进绝望的深渊似的。可是用萨特的逻辑看，这世上根本没有什么母亲、总裁或学生，也没有什么内向者、精神分裂患者或阿斯伯格综合征人士；有的只是一个个焦虑的人，因为眩晕而迫切地想将自己系在什么固定的东西上面。不这么做就只有自由落体这一条路了，而相较之下，将自己的手腕脚踝锁在别人身上，锁在不喜欢的工作上，锁在孩子身上，倒显得相当不错了。

然而我们终究会在锁链中觉醒。萨特认为，我们都是长了腿的一捆捆被否定的决策束。焦虑最突出的一环是所谓的"中年危机"：在这个时刻，我们会自问怎么走到了现在这一步，当初为什么没有选择更好的生活，或者余生打算怎么度过。

我们常常拿中年危机说笑，说它最出名的业绩是破坏婚姻和提高跑车销量，但其实中年危机是焦虑在赋予我们第二次机会。它在提醒我们自己不是机器人或者植物（我们是精神，不只是肉体，基尔克果说）。我们想好好生活，想做正派、幸福的人。没有焦虑，我们就不会听见这声唤醒，也不会意识到自己已丧失了自由。焦虑让我们接触到飘浮在肉身上方的那部分自我。萨特把它称为人的"超越性"（transcendence），就是它在推动我们觉醒。没有焦虑，我们就永远醒不过来。我们也不会有意图地爱或生活。

就我所知，没有人喜欢犯恶心，但恶心并不表示我们残破了。它表示的是我们还活着。我们或许会摇晃颤抖，但那只说明我们是完整的人。一名孕妇可能在妊娠早期犯恶心，那是因为身体里的小东西在她的子宫上插了旗。同样，焦虑这个精灵也会在我们的肚子里插旗，使我们变得软弱。在基尔克果的叙事中，部分就是因为我们对自由、选择和后果的觉知，我们才能做一个光荣而易变的人。这份觉知是一位"比现实更好的良师"，存在主义治疗师罗洛·梅（Rollo May）这样转述基尔克果的意思。[38]

我的存在主义课快讲完时，已经没有哪个学生还认为一个感觉不到痛苦、恐惧或焦虑的人比拥有这些感受的人过得更好了。他们认真思考了基尔克果的忠告，即焦虑的人不只是有毒的化学物混合，不是"mit Pulver und mit Pillen"（用药粉和药片）就能消灭的。[39] 他们已经明白，人一旦试图摆脱焦虑，就也会摆脱自由、敏感、洞察、共情和某种美好生活之感。那是在钝化自我中"对世界敏锐到痛苦"的那一部分。[40]

在不以消灭焦虑为目标后，基尔克果提供了另一种选择：我们可以倾听焦虑，把它当盟友来接近，让它提醒一声我们还自由着。焦虑只要没到使人精疲力竭的程度，就是人类境况的一部分，它虽然痛苦，却也是人类内心生活的先决条件。然而，我的学生们虽然已开始明白这个道理，却依然把焦虑看作一种恐惧。

如果你害怕乘坐飞机，你的心理治疗师或许会给你看统计数字，告诉你其实坐小汽车比坐飞机更可怕。他会传授你专门的呼吸训练，让你在湍流中也能保持镇静。他还可以陪你飞一小段，全程引导你的感受。但如果你的飞行恐惧根本不是恐惧呢？或许那是对湍流的焦虑，是对湍流是否出现、何时出现或出现多久的焦虑？或许湍流是对失控的一种隐喻，而失控可能和你不知会在何时以何种方式死去有关？这个你要如何克服？

基尔克果认为，焦虑是无法驯服的。我在任何时候都可能罹患癌症或者新冠。我的孩子们可能被绑架或在过马路的时候遇难身亡。更糟的是，这些事情可能组合起来在同一年发生。焦虑是无定形的，我们常把它误认为恐惧。但是有别于恐惧，焦虑指向的是一团不确定的祸害。它是一个声音，告诉我们情况整体不妙。焦虑怀疑有危险正在潜伏，但无法描述那危险是什么、在哪里，甚或何时显现。

恐怖电影中的悬念会勾起我们的焦虑。那些最吓人的影片会让我们等上几个小时，最后关头才让杀手露脸，有时候杀手干脆连脸都不露。直到我们看清坏人的那一刻，焦虑才成功转变为恐惧，恐惧可比焦虑好对付多了。恐惧有其面目，焦虑是没有的。无形的坏人会将我们的焦虑延长到电影结束后很久。如果我们怕的只是电影里的那个连环杀手，我们的恐惧就会在字幕滚完后迅速消散；如果我们的恐惧扩展到了所有连环杀手，我们可能会继续害怕，同时用统计显示每年只有很少的人被连环杀手杀害来自我安慰；而如果电影勾起了某些念头，让我们觉得"任何人都可能是杀手，任何事都可能发生，并把我害死"，我们的恐惧就会失控，因为这时我们体验的已不再是恐惧，而是焦虑了。

像新冠这样的大流行病就是焦虑的温床。因为第一，病毒是无形的。你看不见它，这就够骇人了，更加上在好几个月的时间里我们根本不知它从何而来。我们给邮件和采购物品消毒，一天中清洁好几次表面，不敢摸自己的脸，每小时要花20来秒钟洗手，一回家就脱掉衣服淋浴。我们在口罩里加垫一层咖啡滤纸，祈祷N95口罩能快点对公众发售。一夜之间，整个世界成了一片雷区，我们学会了轻轻迈步，时刻观察。疯传的视频将病毒比作派对上到处沾的亮粉，更是毫无助益。

要是让基尔克果来说，他会表示我们对新冠的焦虑是"虚"的，意思是它不针对任何有形的实物。因为我们一度并不知道新冠如何传播，也因为新冠病毒无法用肉眼看见，我们对新冠的焦虑更像是一种弥漫的情感或者观念：它代表了死亡，或者失控，抑或同时代表两者。我们的周围似乎悬浮着点点滴滴的厄运，等待着被我们吸入体内。我们把焦虑的对象称作"新冠病毒"，但也可以径直叫它"死亡"。

给焦虑的对象起名是将焦虑转变成恐惧的一种尝试。给它赋予面目则更为有效。我记得有一次做噩梦，梦中被困在一个狂欢节似的大型户外场所，周围还有几百号人。大家无法离开那个地方，却又知道有个人在人群中一个一个地杀人。我在藏身处看着杀手，等着他来杀我。睡梦中，我的心灵慈悲地给了新冠一张人脸；通过激起恐惧，它让我的焦虑平息了一晚。

在疫情刚开始的时候，我们眼看着成千上万人死去。我们或许会说自己害怕新冠，就像有人说害怕坐飞机；但基尔克果会驳斥我们，说我们的感受应该叫"焦虑"而非"恐惧"。

许多存在主义者认为，焦虑总是和死亡有着隐秘的联系，或是直接相关，或是在比喻的意义上。我或许认为自己怕的是蜜蜂、连环杀手和高空，但是要基尔克果和萨特来说的话，我实际是在焦虑于死亡。死亡是失控的终极状态。[41] 我们会将无形的死亡焦虑勾连上有形之物，比如一只蜘蛛、一架飞机甚至一种病毒，也是人之常情。这么做能将我们的心思集中在躲避蜘蛛、飞机或病毒上。说焦虑关乎死亡，就是在换一种法子说焦虑关乎掌控：我们一边焦虑于可能搞砸，一边又焦虑于将来可能无法选择。我们通过不停洗手告诉自己，我们总可以做一些事来防止死亡。而焦虑又总在提醒我们不是这样——至少长远来看是行不通的。

新冠疫情，以及疫情引发的焦虑，使我们意识到了自己是会死的。短短几周甚至短短几天之内，我们的人生就充满了意义。我们辞职或是迁居。我们陪孩子玩耍或是在手机上耽看噩耗。有人出门散步，有人守在家中，把家变成掩体。我们都想活命，但做法各不相同，有人重新寻找生命，也有人则重新投入于对掌控的追求。

对我这个存在主义哲学家来说,在疫情中看着焦虑上升,很有意思的一个方面是观察完全健康的人会被它搞得多么手足无措。有些同事没有孩子或是年迈的父母要照顾,自己也没有基础疾病,却在一年多的时间里始终不愿走进杂货店购物,全靠订购自取。我注意到,那些健康的年轻人,之前虽然从未面对过死亡,这时倒成了最焦虑、最闭塞的群体。我那些低收入家庭的学生早就见识过也体会过糖尿病、心脏病和肥胖等日常杀手的威力,缺乏医疗保险更是让这些杀手如虎添翼;和他们不同,我的许多富裕同事还没有充分意识到,健康的年轻人迟早也会像大家一样死亡、腐烂。新冠逼着一个新的群体开始面对他们一向否认的现实。

但不出所料的是,就是这些人,一旦接种好疫苗,觉得自己脱离了危险,就立刻回到杂货店购物了。除了有一小撮人依然谨慎,在户外也戴口罩之外,我的那些富裕朋友都开始出门旅行,到餐厅就餐了。他们都小有财产,还能居家办公,在这些特权之下,他们很快就恢复了有成效的生活——这也是《精神障碍诊断与统计手册》希望我们在学会管理焦虑之后都能实现的成果。在我们这个社会,能"回归正常"总是好的。

存在主义者就不这么认为了。马丁·海德格尔(其著作《存在与时间》受基尔克果的影响，继而影响了萨特）说回归正常是在"逃避死亡"。要他来说，疫情之初的那些焦虑岁月才是我的同事们最接近本真生活的时候，因为在那段日子里，他们每做一个决策都考虑了自己的有死性。那时的我们，怎么也摆脱不了终极掌控权不在自己手里的事实。对存在主义者来说，"回归正常"意味着假装，我们一次又一次地假装下去，假装自己能免于死亡，假装洗了手就不会得病。

无论是好是坏，焦虑都将我们请进了布勒妮·布朗所说的那片"竞技场"内（借用了泰迪·罗斯福的那篇著名演讲），[*]那里上演着冒险、战斗和死亡。焦虑提醒道，我们是自由的，任何事也都可能不经我们许可而发生。但要是我们平息了焦虑，还有什么会引诱我们爬进竞技场，去冒险、战斗并死亡呢？

与此同时，焦虑也在重创我们中的一些人，瘫痪我们的日常生活。有什么法子能与焦虑这位恼人的老师融洽相处吗？

我的父母不管搬到哪里住，都会把整个新家的火灾报警器关掉，全不顾装这些报警器是为了救他们的命。他们这么做，是受不了报警器每两年电池用尽的时候，都会在凌晨 4 点鸣响。

---

[*] 泰迪·罗斯福即美国前总统西奥多·罗斯福，他曾发表演讲《共和国的公民》，其中的一段被称为"竞技场上的人"。——译注

但无论有多少好处，永久关闭火灾警报都是个坏主意，即便它们偶尔是会出点故障。与其切断报警器，我们更该去确认它是不是探测到了一场我们尚未闻到的自家或邻居家的火灾。

或许焦虑也是一部火灾报警器，会在某些地方出错的时候鸣响。火灾报警器偶尔是会误报，我们不能每次都凭它来判断是否真有火情。但这个比喻的好处在于，比起总以为自己安全于是关了警报酣睡的人，焦虑者似乎更熟悉世上的种种危险。

总有人问："为什么现在的孩子比从前更焦虑了？"但答案其实很明显："睁眼看看周围吧！他们怎么可能不比从前更焦虑？"焦虑者有道理焦虑。拜互联网和各种喜忧参半的事物所赐，我们有数不清的理由去担忧。考虑到我们每天吸收的疫情、恐袭、暴力（包含针对警察的和警察实施的）、战争、校园枪击、贫困和环境恶化信息，焦虑实在是一种合理的反应。焦虑承认自己不知道前方拐角之后藏着什么，那东西又是好是坏（它怀疑多半是坏的）。焦虑者机警地认识到所有人都在面对种种骇人的可能，也做出了恰当的反应：膝盖发软，腹内翻腾。

焦虑是对一个可怕时代的合理反应，然而就是这样的时代，仍要求人们踏实、快乐、蓬勃发展。教导我们"保持冷静继续前行"的海报钉得到处都是，而它的言下之意却是"注意危险，不是演习"。真要是一切正常，又何必弄条标语告诉我们"看见可疑就举报"？我们的社会疲于掩盖生活的悲剧特征，硬说"没什么好多看的"，但这反而使我们焦虑上升。各种声音用莫名其妙的口号使我们分神，像是"积极思想创造积极世界"。但在这片喧哗之上，我们的焦虑在大声质疑：痛苦、磨难和死亡降临到我们头上，难道是因为我们的态度？临床焦虑症患者好像活在惊悚片里，而另外70%的人却仿佛置身浪漫喜剧。谁是对的？谁病了？

透过基尔克果的镜片观看，我们应当担心的反而是那些不焦虑的人。在这个日子、这个时代，怎么还有人能睡这么香？他们到底有什么毛病？我知道，他们一定是残破了！然而光明喻绝不允许我们如此论断。说非焦虑者残破实在是阴暗过头了。况且我们早就确信了，焦虑者才是残破的那些人。

如果基尔克果是对的，没了焦虑，我们就会丧失可能性、敏感、洞察、人性和自由，那我们又该如何感受焦虑，如何应对焦虑？我的学生们都挺喜欢基尔克果的"焦虑不是一种不完美，而是智慧的标志"这一观点，只是不知道这会将心理治疗和药物置于何地。哪怕焦虑是我们的第六感，我们是否也要去寻求治疗，只因我们承受不了焦虑要展示给我们的东西？我们真的希望酣睡吗？

我们选择何种疗法来应对焦虑，将会决定我们走哪条路。

一种疗法将焦虑看作疾病，另一种将它看作一位教师，两者设定的目标自然不同。

认知行为治疗师都（无意间）受古代斯多葛派的影响，于是将焦虑障碍定义为一种可以治疗的病状。在他们眼里，焦虑是一道阻碍而非一名信使。如果我对自己说，"我爱的人都将死去，只剩下我孑然一身"，一个CBT治疗师或许会问我："你怎么才能改变这种有害的思维模式？"[42]因为要减少我的焦虑思想，这个治疗师想当然地认为，既然这些思想使我的人生更加艰难，它们肯定是我不想要的——虽然我爱的人确实都将死去，这是一个基本事实。

相比之下，存在主义心理治疗的重点不在关掉火灾报警器。它的根基是弗洛伊德、荣格、萨特、尼采和其他存在主义者的思想，这几位都同意基尔克果的想法，认为应当把焦虑视作一位老师，或是一种智慧。目前仅存的存在主义治疗师都会将焦虑看成合理的情绪，除非能证明它不是。他们的目的不是缩减焦虑，而是用它来启示你可以如何做出改变，并由此过上更有意图、更有意义的生活。

一名存在主义治疗师可能先问一个问题："你想要过怎样的人生？"如果他们认为，我们花了大把时间来避免问出人生中最难的问题，还宁愿假装自己的城市不会有死神降临和陈尸满地，他们就更可能鼓励我们去思考这些问题。

一名存在主义治疗师会认同基尔克果对人类焦虑的看法，即它不仅仅是适应不良的思维模式或化学失衡。我们是精神性极强的生物，会关心存在主义心理治疗师欧文·亚隆所说的"四大"主题：死亡、孤独、人生意义和自由。[43] 带着对这些主题（即使它们都伪装成了恐惧）的意识考察我们的焦虑，就能帮我们找到人生中需要改变的地方。

我们能否和亚隆一样相信，"受死亡焦虑折磨的成人并不是患了某种异常疾病的怪人"？我们能否将自己看作这样的人，"家庭和文化没能替他们织起合适的御寒衣物，好抵挡人终有一死的冰冷事实"？[44] 其实人人都需要御寒的衣物，唯一的问题是从哪里得到。有人从非法药物中获取，有人通过家庭，有人靠食物或酒，有人看海报和马克杯上的字。什么才是抵御死亡之寒的最佳方法，既然死亡必然发生，而且永远寒冷？

畅销作家格伦侬·道尔有极严重的焦虑，一度要靠暴食和滥饮才能在这个充斥敌意的世界上勉强存活。她认为自己天生敏感，能处处看见弊病，所以才落得身心残破。有鉴于此，她找了个可以切断所有火灾警报的法子：长醉不醒。在一个令人忧伤的世界里喝醉，是道尔想到的平息焦虑的最佳方法。

第5章　学会焦虑

我们不必都走她这条路——尤其是如果大家都能为那些"对世界敏锐到痛苦"的人腾出表达的空间,而非指责他们太过敏感。[45] 我们可以用健康、安全、不成瘾的方式保护自己免受死亡之寒的侵袭。我们可以学织帽子和围巾。可要是拒不承认外面正变得越来越冷,帽子和围巾就永远织不起来。我们必须习惯面对现实中的悲惨和死亡,即使别人都在盯着洞壁上的影子呆看。

道尔自述她戒酒时,有另一个酒鬼给了她一种眼光,让她可以不在酒精的掩护下遥望自己的未来人生。那个智慧的女人说道,做一个完整的人,"不是要感受到幸福,而是要感受一切"。[46] 从那时起,道尔就始终在告诉读者"感受一切"是什么感觉:"沮丧、失落、恐惧、愤怒、焦虑——这些我曾经用酒精麻痹的,现在第一次感受到了。"[47] 那感觉"毛骨悚然",但道尔说那也是对世界显露本真自我的唯一法子。她用了好些年才终于不把自己的焦虑看成一种不完美了。在她最近的一本畅销书《未驯服》(*Untamed*)中,道尔这样写道:

> 自从戒酒之后,我再也没好受过,一刻也没有。我始终精疲力竭,又怕又怒。我一时不知所措,一时无动于衷,抑郁和焦虑折磨得我虚脱乏力。但我也感到了惊奇、

敬畏、欣喜,开心到爆炸。疼痛总在提醒我说:都会过去,跟紧一点。我活了。[48]

道尔戒酒之后就没"好受"过。和她一样,焦虑也从未离开基尔克果,他短暂的余生,一直被"思想那沉默的不安"所"包裹",[49] 就在去世前三年,他还在为此感到"窒息"。[50] 但他相信,焦虑也可以分出好坏。我们或许不用把基尔克果看成演示焦虑的模范,但即使不效仿他,我们也依然能倾听他的忠告。

在人生的后程,基尔克果写道:"谁学会了正确地焦虑,就是学会了终极奥义。"[51] 社会只教了我们错误的焦虑方式,它告诉我们焦虑是"正常"生活的阻碍,建议我们寻找各种应对机制来抚平那些可怕的声音。面对风暴,它只给了我们差劲的准备。

即便说基尔克果从未学会正确地焦虑,道尔也学会了。自戒酒后,她找到了应对焦虑的更好方法。她创立了一个非营利机构,和有需要的人分享金钱及资源。学会了正确焦虑的她,在世界各地听见了火灾警报,也发现了需要扑灭的火情。道尔的叙事是基尔克果式的:焦虑的人没有残破,我们焦虑却也完整。采纳这个观念是开始"正确"焦虑的一条路。亚隆补充说,通过"把握自身的人类境况,也就是人的有限性,人身处光明的短暂时间",我们就能"增强对自己和对所有人的恻隐"。[52]

即使是焦虑最严重的人，也没有残破。[53]这个世界是有毒的，每一天我们都在经由"努力就会有惊喜"之类表面无害的表达吸入它的毒素。去问问那些每天努力的人吧。看看他们是真的遇到了惊喜，还是依然在这个充满羞耻，到头来只有坏事发生的世界中沉沦。不要求教那些一手贩卖梦想、一手问你要钱的自助书籍作者，他们只会说是你做错了。

不过，所有基尔克果式忠告仍然无法充分说明一个情况：焦虑虽然对大多数人而言只是不快，但确实会把少数人的精力抽干。老是想着永恒的空虚、无尽的变化或最终的死亡，着实令人痛苦，脑袋里只听得见厄运之声，也确实是一种折磨。要是药物能调低这个声音，那就吃药好了，但始终不要忘记你和你的亲人都注定会死，只是时间早晚而已。面对焦虑，我们可选择是对抗还是亲近，或者说，是关掉火灾报警器以免其故障造成不便，还是让它保持运行状态。焦虑也像抑郁一样，柏拉图和百优解都可以找来帮忙。

基尔克果的焦虑体验帮助了他在幽暗中看见。他在他的洞穴中摸索良久，终于得出了焦虑是一种智慧标志的结论。基尔克果的叙事将焦虑描绘成始终迫使我们俯瞰深渊的一股力量。它是一个精灵，提醒我们人人孤独且终有一死。它是火灾报警器，使人不堪其扰又紧张兴奋。它批判了网上"保持乐观"的标签，因为这种表达不愿承认孩子也是会死的。虽然残酷，焦虑却使我们成为百分之百的人：既坚毅又胆怯，浑身是血却从不退缩。如此形象的焦虑确实不太可爱，但它使我们始终顺应自己。

对于自己的焦虑未必全是坏事的观点，伊娃最初是抗拒的，但后来她说感到自己印证了基尔克果的哲学。"我并没有更喜欢我的焦虑，"她说，"但现在我觉得自己更正常了。也更聪明了。"伊娃以前从不在班上公开谈论自己的焦虑，后来基尔克果教会了她如何在焦虑的同时保持尊严。当初走进这间教室，她认为焦虑已使她残破。等走出去时，她感觉自己又完整了，对世界也有着敏锐到痛苦的体验。

尾声

练习夜视

读大学时，我觉得柏拉图洞穴喻中的囚徒都是无知之人，因为他们未得光的启蒙。我没有想到那些木偶师。

任何人只要在洞壁上投下影子，并要求我们相信眼前所见，他就是木偶师。柏拉图的比喻中有一个略去的细节格外有意思，就是这些木偶师到底知不知道自己在做什么。"他们也是囚徒吗？"学生们问，"还是在故意愚弄人？"我回答说，我也不知道。也许其中一些是，另一些不是。也许他们全是囚徒。

在本书中，木偶师指的是任何一个向我们兜售光明，或者要我们将黑暗视作丑陋、病态、无知或残破的人。也许我们自己就是木偶师。也许我们也曾对一个失望的孩子说："得失有命,切勿悻悻。"* 也许我们对所爱之人说过要开心一点。也许我们还这样劝过自己。无论如何,对于那些我们随身携带并大加传播的反幽暗说辞,我们必须加以警觉。

我们可以从柏拉图的洞穴里得到一个警示:每个人都是潜在的木偶师。一切讲述者,管他是作家、演员、心理治疗师、科学家、社交媒体红人、新闻主播、医生、教士还是政治家,都有能力投下片片阴影。他们个个要求我们相信他们的话,而不是帮我们找到自己的声音。每个学期,我都会告诉学生们别相信我。我要他们去买课上学过的哲学家的原始文本,好自己解读那些哲学家说了什么,而不是迷信我。我会提醒他们,我只是一个讲述者,而一个故事有许多讲述方式。

美洲原住民有一则寓言流传甚广,一般归为切罗基人(Cherokee)或莱纳佩人(Lenape),寓言说,一名智者对孙子说,自己体内有两只狼在争斗,它们一只好一只坏,一只平和一只愤怒,一只光明一只黑暗。害怕的孙子问爷爷:"哪只狼会赢啊?""这就要看你给哪只喂食了。"智者答。根据光明喻,这则故事应该解释成我们不能屈从于哀恸和愤怒这样的情绪,有的佛教徒更是用"毁灭性情绪"称呼它们。我们常常听说:消

---

* 即便有时候我们真的无法改变生命给予的东西,悻悻一下又有什么好禁止的?

极使人得病，只要我们不沉湎于幽暗情绪，它们自会平息。光明的狼会赢。我们也会变成纯粹的光。

　　但是内心深处，我们知道并没有变成纯粹的光这种选择。

　　苏格拉底讲过一个关于学习的故事。他说，每当我们认为自己在学习，比如获得新知，其实都是在召集自我最深处的智慧。他把这称作"回忆"：有些事情我们本已知道，只是需要一些帮助让它们浮到表面。比如我们无论将内心的幽暗饿上多久，都绝不会变成纯粹的光，就是这样一种知识。它不是什么新知。只是我们一遍遍地将它忘记，需要借助外力才能回忆起来。就连我儿子的足球教练，虽然穿的是印着"没有坏日子"(#NOBADDAYS) 的 T 恤，但在内心深处的某个角落，他必定也知道这个标签没有意义。世上没有"纯粹的好日子"这回事。这个星球上的人，没有谁的光明之狼能消灭黑暗之狼。没有纯粹光明之狼，也没有纯粹光明之人。我孩子的足球教练每天早上在抽屉里挑挑拣拣的时候忘了一件事：他的 T 恤衫就像机场里的正能量海报（"前路更光明！"），也像告诉我们"幸福是一种选择"的自助书籍，都设定了一个凡人注定无法企及的标准，按这个标准，我们只要过坏了一天就算失败。

　　但我们确实会遇上坏日子。我们也有很多理由感觉糟糕，感到哀恸、沮丧、焦虑、愤怒和抑郁。另一方面，喜悦又是那样难以捉摸，但它多半来自一种我们的"真我"得到接纳的感觉，而不是来自要我们再努力些的励志海报。光明喻不停地劝我们再飞得高些，再开朗一些；但就像伊卡洛斯一样，我们的翅膀也只是蜡粘的，会因为太接近太阳而熔化，我们也会随之落回冰冷的大地，而这里有树木能为我们供应急需的阴凉。也像伊卡洛斯的翅膀并非他设计出的缺陷，幽暗情绪也不是我们的缺陷。本书探讨的焦虑、抑郁和其他幽暗情绪并不会使得我们软弱或残破。但它们确实会令我们经不住暴晒，并由此提醒我们人类并不适合这么多的阳光。我们需要一片可以休憩的树荫，也需要每晚长长的安睡。

不喂养体内的黑暗之狼绝不会将它饿死，反而会使它万分暴躁。我们都试过用积极的主张饿死黑暗之狼，结果它却拒不领死，弄得我们越发羞愧。要想让两条狼停止争斗和平共处，我们最好不要让其中任何一头挨饿。

要是再给这条黑暗之狼喂点东西如何？给它点需要的东西试试，比如爱和理解、共情与陪伴？或许那样，它就会在火炉边的一块地毯上安顿下来。好好喂养它，我们或许会看见它长出新的毛发，厚实而闪亮。最后它或许还会主动去寻找光明之狼，不为了战胜对方，只是去找它玩耍。或许当夜幕降临，这一光一暗两条狼会一齐依偎在我们脚边。

*

要在黑暗中看见，必须学会在洞穴中静坐。我们还得准备一些dolor来验证这条新路子，但不需要自己去找，人生自会将它们免费奉上，就像纽约坚尼街上有人将乘船游览自由女神像的传单硬塞进我们手里。同样，我们也不必将自己的痛苦情绪称作"礼物"，不必对它们心怀感激。我们只需思考并谈论自己的情绪，同时又无损于自尊就可以了。如果社会还能将光亮调低一些，把那些正能量海报撤掉得久些，好帮我们不再和自己作对，那更是很有益处。

作为我们的探洞向导，本书中的几位哲学家都在向我们述说的故事里强调了幽暗的尊严，而不是它对机能的障碍。他们还为我们留下了证据，指出幽暗的情绪能使我们体会交心、同情、爱、创意、公正、奋发和自我认识。记住这些哲学家的智慧能帮我们坚持顺应自己，不会在艰难的处境中自我反对。

对于焦虑，我们可以试着像基尔克果对他的焦虑那样报以敬意，而不是加以谩骂。基尔克果提醒我们，是焦虑使我们成为人而不是桌子，因此对焦虑持敌对立场就等于否定我们的人性。在他讲的那段老故事中，焦虑是人类独有的对生与死的关切。焦虑的声音提醒道，我们是脆弱且必死的生物，即便整个世界都陷入瞌睡，我们也应该为此做点什么。焦虑转变为世界的混沌与可能，这会使人万分困扰，但它不是错误。人生本就混沌，人也终有一死，我们拥有的一切好东西都可能消失。焦虑乃是情绪智力的标志。

一个更好的焦虑叙事不会将黑暗之狼杀死，但它的目标不止于此。某种程度的焦虑是必需的，如果我们想抱着将死的觉悟生活，想要爱得深沉强烈，还想要诚实地应对痛苦和丧失的话。要学会正确地焦虑，你或许得找一个好的心理治疗师并服点药物，直到焦虑对我们说话的声音降至适中的音量。那时我们就可以倾听自己的焦虑，并在所爱之人还健在的时候，用焦虑来同他们交心了。

和安扎尔杜亚一样，我们可以为旧的情绪发明新的比喻。安扎尔杜亚没有把抑郁当成朋友，而是给它重新命了名。她以阿兹特克神话为基础建立了一套新词汇，由此也在她的知识生产中给抑郁派了一份工作。夸特莉葵让安扎尔杜亚直面她最先接受的"懒惰"叙事，迫使她承认那是性别歧视、种族歧视和恐同的副产品。安扎尔杜亚从内心深处担忧自己一个通俗理论家自不量力谈论太深，但是在幽暗中静坐之后，她发现，除她之外，还有许多有色人种女性觉得心虚，其实错不在她们，而在于这个社会自以为懂得一个理论家（或是一个医生、清洁工、护士、律师、空乘）应该是什么样子。安扎尔杜亚的新编神话没有消灭她的抑郁，却为她指出了一条脱离残破叙事的道路，还给了她方法去指出社会的残破。一套新的词汇能为我们赢来自尊，也有助于我们认识自身痛苦的外部源头。

  我们可以选择回绝虚假的安慰，并在真实的苦难中生活，就像 C. S. 刘易斯那样。刘易斯知道他的哀恸使他在亲友面前显得暴躁，但他仍坚持自我顺应。我们不必因为会令别人尴尬就隐藏自己的哀恸。他们第一次见我们哀恸会不自在，但那些真正爱我们、尊重我们的人自会给我们的黑暗之狼腾出空间，好让它冒出来获得一些关注。待到那只哀恸之狼想要休息，想坐在我们脚边而不是趴在我们腿上，亲人也不会说我们这是在"把它放下"了。我们可以教给他们，哀恸是可以相伴永远的。毕竟大多数人经过哀恸的洞穴时只知道逃走，而不知自己还可以走进洞穴，在幽暗中静坐，并为 dolor 保留一点空间。

  一旦获得了尊严，那些幽暗情绪就会提醒我们，先天性痛觉缺失并非什么值得向往的东西。乌纳穆诺的人生充满苦难，但是他懂得不将苦难误认为品格缺陷或疾病。他始终顺应自己，没和自己对着干。我们如果也能在每次感到痛苦时提醒自己，痛苦不是"过于敏感"的标志，也能把 dolor 想象成赋予我们的第六感，那我们就更可能昂首顾盼，直到寻着一名难友。如果说苦难喜爱同伴，就让我们用苦难寻找彼此吧。

  最后，学会在幽暗中观看能使我们重新构想愤怒。卢戈内斯为我们留下了珠玑般的智慧,她说愤怒不是一种而是多种。这些愤怒一齐构成了洛德所说的"军火库",里面存放着我们对抗不公所需的武器。[1]我们不必数到十等愤怒平息或是径直将它压下去,而是可以像贝尔·胡克斯一样,批判各领域专家将愤怒界定为非理性、懒惰或丑陋的做法。虽然卢戈内斯对她自己的愤怒也模棱两可,但她毕竟指给了我们一条谈论愤怒的新路,帮我们分清丑陋的愤怒和不丑陋的愤怒、一阶愤怒和二阶愤怒。她留下了充满意义的洞见,能帮助愤怒的人感受到尊严。最后,如果还记得愤怒是要有用处,不是消了气就完事的,我们就可以学习训练愤怒,而非控制它们。在幽暗中观看能教会我们如何在个人生活和政治生活中最好地利用愤怒。

在练习夜视时必须记住一点:我们关于幽暗情绪述说的新叙事,不必反对或取代我们已经知道的关于疾病、诊断和治疗的医学叙事。对于精神健康的医学理解不会消失,也不应消失。它们使我们能得到适当的医学照护,也由此帮我们在幽暗中看见(并适应一个患有黑暗恐惧症的社会)。但除了这些医学化叙事之外,我们还可以对自己和彼此讲一个平行的叙事、一套哲学叙事,它能将尊严还给那些被我们的社会羞辱的情绪。

一百年后,或许社会能克服对幽暗情绪的恐惧。届时我们或许还会明白,期待一个人永远欢乐,只会令他无法应对艰难情绪。或许我们会把每一只教导我们"要把今天过得倍儿棒"的咖啡杯都摔个粉碎。亨利·大卫·梭罗曾经怀着强烈的羡慕，用诗意的语言说起"玉米生长的夜晚"。[2] 我们也能回忆起来，那个夜晚不单单是可怕、危险的，它也富饶萌动，充满了生机。

在一个高情绪智力的将来，没有人会将超过两周的哀恸混淆成一种精神障碍，人们谈论抑郁时也不会只当它是一个精神健康问题。当有人问起我们近来如何，我们会真诚地回答，因为社会不会再期待我们隐藏或淡化自己的幽暗情绪，靠这个来"做出一副勇敢的面孔"。没有人会再说我们的困扰是"第一世界的问题"，或是告诉我们奥斯维辛的囚徒会不计代价地与我们交换位置（我有一次情绪低落，有一位好心的朋友真是这么劝我的）。如今人们还在说着的许多蠢话，都是"要看光明面"的各种变体，而到了一个情绪智力更高的将来，这些话就不会有人说了。一旦我们开始建立一个"左撇子世界"，我们就可以帮助每个人获得夜视能力。

学期临近结束时，我告诉学生们如果学到的东西是错的也不要意外。我还告诉他们，你认为自己有所收获的时候，也应该是你最小心、最审辨的时刻。在这一刻，你必须自问是否只是把一片影子换成了另一片。

上大学时，柏拉图教会我怀疑的重要性。但那时的我就像我现在每个学期的学生一样，尽是搞错怀疑对象。当我怀疑树木而非光照，我不过是把一片影子换成了另外一片。我经过了好多年才意识到，光明并不能拯救我们逃离幽暗，过了更久我才明白，幽暗本就不是囚禁我们的东西。

我希望这本书能帮到你个人，但我希望的又不止这些。

我希望，下次你准备引用光明喻的时候能够克制自己——希望你及时停下，不要再向人介绍你的灵"光"一现，或者解释某本书阐"明"了一个你困惑多年的问题；希望你别再自顾自宣称看见"隧道尽头的光"了，也去想想你可能把别人留在了隧道里；希望你别再将任何事物比喻成黑夜和白昼；希望你不要把困难想成是需要照亮的问题；希望你不要告诉任何人尤其是自己要看事物的光明面。我还希望，你在用"至少……"开始任何句子时都想想各种后果。我敦促你回忆起一个观念并把它装在心里：幽暗是一种需要去适应、探索，并在其中看见自己也看见他人的现实。要怀疑那个把幽暗塑造成缺陷的影子。就算得失有命，依然可以悻悻——允许自己悻悻，或许还有助于发现自己命中真正想得到什么。

在开发夜视能力的路上，某一刻起，你必须相信情绪的痛苦可以作为一根管道，用来通向社群、人际联结、自我认识、精确、睿智、聪慧和共情。你还必须相信，怀有这些情绪的我们绝不会失去尊严，哪怕是四仰八叉躺在浴室地板上的时候。

但你也不要轻信我的话。不要随便接受我那"光明喻和它的分身'残破叙事'正在邪恶地蔓延"的论断。我还是主张柏拉图的回忆说。我在书中给你的意象，即一个沉浸于光明却渴求阴影的情绪世界，有没有在你内心引发共鸣？如果没有，你就抛开它另找一套理论，看能否更好地解释为什么有这么多人对自己的艰难情绪感到羞耻。如果你有共鸣，那么你很可能唤起了一条真知：它此前一直被埋在一层又一层乏味的励志格言之下，现在终于露出了头角。要想知道幽暗情绪是否真的在幽暗中显得更加自然而不太可怕，请运用夜视力自己去看吧。

致 谢

感谢得州大学大河谷分校,谢谢你们在2020—2021学年给我放了一个教员发展假,支持我写成此书。我要告诉我在哲学系的本科主修生、辅修生和研究生们:无论你有拉丁裔的外表还是说西班牙味儿英语,你都不只是其他人观念的消费者。Somos filósofos(我们是哲学家),是知识的创造者。你可以照着镜子说一句:哲学家就长这样。

Markus Hoffman,谢谢你在2014年就售卖我的悲观品牌,那时的美国还做着希望的迷梦。谢谢Rob Tempio,你的热忱和善意使我放松下来诚实写作。谢谢普林斯顿大学出版社的生产和营销团队,特别是Chloe Coy、Sara Lerner、David Campbell、Maria Whelan和Laurie Schlesinger,谢谢你们这么"懂"我。

感谢 Cynthia Buck 替我删掉模棱两可的先行词，Michael Flores 为我精心编写索引。

Kemlo Aki，没有你就没有这本书。你帮我踢掉了我的学术写作习惯里最糟的部分。你的严厉是最好的那一种。Jill Angel，谢谢你让我始终如一。

Reine、Brad、Marilyn、Gordon 和 Amy，谢谢你们在一开始就为我鼓劲。Katie、Yael 和 Tina，你们认出了一支恻隐之笔写下的痛苦段落，你们的评点帮我写出了真实心声。谢谢你们阻止我肆无忌惮地犯荒唐。我永远谢谢 John Kaag，他比我自己更早相信我有话要说。

Lodly 和 Jenn，咱们小的时候，觉得抱怨就是沟通，大笑加大哭就等于生活。JTLS，20 年来你一直任由我在得出论断前肆意胡说。你真是绝顶聪明。

致我 10 岁的孩子 Santiago Emerson：你是一名观察者，是你启发了我去认真地看别人、看自己、看我们的社会。Nunca dejes de abrazarme（要一直抱抱我哦）。

致我 8 岁的孩子 Sebastián Pascal，mi principe, mi tesoro, mi corazón（我的王子，我的宝贝，我的心肝）：看着你玩耍，我记起了自己也有一具身体。Eres único en todo este mundo（你在这世上独一无二）。

谢谢 Alex，你花了上百小时安慰我，又花了上百小时阅读每一稿、每一章、每一节、每一段、每一句和每一个词：你真热爱工作。Te quiero tal y como eres（我爱做你自己的你）。

亲爱的读者，所有剩余的差错都等着你们来指出，大家一起创造一个更好的世界吧。我衷心期盼本书能早早过时，那时我们就能不带歉疚地尽情哭泣了。谢谢你们在意。

注 释

引 言

1. 畅销作家格伦侬·道尔启发了对焦虑的这种重构。她在一条推文中写道:"问:天,你怎么老是哭?答:原因和我老是笑一样,因为我在付出关注。"Glennon Doyle, Twitter post, November 2015, https://twitter.com/glennondoyle/status/661634542311223296?lang=en.
2. Jean Paul Sartre, *No Exit and Three Other Plays*, translated by Stuart Gilbert (New York: Vintage, 1989), 45; and Søren Kierkegaard, *Søren Kierkegaard's Journals and Papers*, edited and translated by Howard V. Hong and Edna H. Hong (Bloomington: Indiana University Press, 1967), 6.470 entry 6837 (X.5 A 72, n.d., 1853).
3. 你可能要问:这些思想家并非人人都有博士学位,我为什么要一律称他们为"哲学家"?我来说说理由。苏格拉底、柏拉图和亚里士多德这几位古希腊哲学家在博士学位产生之前就存在了,除了他们几位,历史上还有无数名男性没有相关学位却仍领受了"哲学家"的名号。比如说出"我思故我在"的著名法国哲学家勒内·笛卡尔就没有哲学学位。还有弗里德里希·尼采,虽然大多数人从没读过他,却仍给他贴上了"哲学家"的标签,而尼采没有正式学过哲学,教的也不是哲学。更现代的例子是英国理论家德里克·帕菲特,他没有哲学博士学位,维基百科却仍列他为哲学家。和这些例子相反的是黑人知识分子贝尔·胡克斯,维基百科只说她是"美国作家、教授、女性主义者、社会活动家"；还有黑人诗人奥黛丽·洛德，在维基百科上是"美国作家、女性主义者、黑人女性主义者（womanist）、图书馆员、社会活动家"。这两位女性的愤怒哲学足以改变我们的思想，下一章将做详细探讨，然而哲学界却将她们挡在课堂之外。从古到今，专业哲学的后门向来为白人男性轻易开启，对有色人种女性就没那么宽松了。

4. Wendell Berry, "To Know the Dark," in *New Collected Poems* (Berkeley, CA: Counterpoint Press, 2012). Copyright © 1970, 2012 by Wendell Berry. Reprinted with the permission of The Permissions Company, LLC on behalf of Counterpoint Press, counterpointpress.com.

第 1 章

1. 哲学教员中只有 20% 是女性，只有 3% 是有色人种。在 2017 年统计的 6700 名全职及兼职教员中，约有 1400 名是女性，有色人种男女合计只有 200 人。Justin Weinberg, "Facts and Figures about US Philosophy Departments," *Daily Nous*, May 18, 2020, https://dailynous.com/2020/05/18/facts-figures-philosophy-departments-united-states/.
2. Carlos Alberto Sánchez, "Philosophy and the Post-Immigrant Fear," *Philosophy in the Contemporary World* 18, no. 1 (2011): 39.
3. Kristie Dotson, "How Is This Paper Philosophy?," *Comparative Philosophy* 3, no. 1 (2012): 3–29. 想更多了解学术界对有色人种女性的排斥，见 Joy James, "Teaching Theory, Talking Community" in *Spirit, Space, and Survival: African American Women in (White) Academe* (New York: Routledge, 1993), 118–38。
4. Plato, *Phaedrus*, translated by Alexander Nehemas and Paul Woodruff (Indianapolis: Hackett, 1995), 253e.
5. Michael Potegal and Raymond W. Novaco, "A Brief History of Anger," in *International Handbook of Anger: Constituent and Concomitant Biological, Psychological, and Social Processes*, edited by Michael Potegal, Gerhard Stemmler, and Charles Spielberger (New York: Springer, 2010), 9–24.
6. Seneca, *De Ira*, book III, section 12.
7. Epictetus, *The Handbook (The Enchiridion)*, translated by Nicholas White (Indianapolis: Hackett Publishing Co., 1983), 13.
8. Potegal and Novaco, "A Brief History of Anger," 16.
9. Marcus Aurelius, *Meditations*, translated by Gregory Hays (New York: Modern Library, 2003), 38.
10. 同上，17。
11. Pierre Hadot, *Philosophy as a Way of Life: Spiritual Exercises from Socrates to Foucault*, translated

by Michael Chase (Malden: Blackwell, 1995), chap. 9.
12. "Imaginary Friends," episode 1,647 of *Mister Rogers' Neighborhood*, directed by Bob Walsh, aired on PBS (WQED), February 25, 1992.
13. Potegal and Novaco, "A Brief History of Anger," 15.
14. 同上，15–16。
15. 同上。
16. Mark Manson, *The Subtle Art of Not Giving a F*ck: A Counterintuitive Approach to Living a Good Life* (New York: HarperCollins, 2016).
17. Mark Manson, "Why I Am Not a Stoic," Mark Manson: Life Advice That Doesn't Suck (blog), n.d., https://markmanson.net/why-i-am-not-a-stoic.
18. Gary John Bishop, *Stop Doing That Sh*t: End Self-Sabotage and Demand Your Life Back* (San Francisco: HarperOne, 2019).
19. 奥黛丽·洛德的传记作者 Alexis De Veaux 借用 Joy James 的概念，将洛德称为一名"活哲学家"(living philosopher)。Alexis De Veaux, *Warrior Poet: A Biography of Audre Lorde* (New York: W. W. Norton and Co., 2004), 35; and Joy James, "African Philosophy, Theory, and 'Living Thinkers,'" in *Spirit, Space, and Survival: African American Women in (White) Academe*, edited by Joy James and Ruth Farmer (New York: Routledge, 1993), 31–46.
20. Audre Lorde, "The Uses of Anger: Women Responding to Racism," in Audre Lorde, *Sister Outsider: Essays and Speeches* (New York: Random House/Crossing Press, 2007), 124.
21. 同上，127。
22. 同上，129。
23. 同上。
24. Myisha Cherry, *The Case for Rage: Why Anger Is Essential to Anti-Racist Struggle* (Oxford: Oxford University Press, 2021).
25. Lorde, "The Uses of Anger," 127.
26. 同上，125。
27. 同上。
28. 同上，130。
29. Soraya Chemaly, *Rage Becomes Her: The Power of Women's Anger* (New York: Atria Books, 2018), 51.
30. 同上，51–52。
31. 同上，54。

32. Lorde, "The Uses of Anger," 128.
33. Joseph P. Williams, "The US Capitol Riots and the Double Standard of Protest Policing," *U.S. News & World Report*, January 12, 2021, https://www.usnews.com/news/national-news/articles/2021-01-12/the-us-capitol-riots-and-the-double-standard-of-protest-policing.
34. Jolie McCullough, "'We Would Have Been Shot': Texas Activists Shaken by Law Enforcement Reaction to Capitol Siege," *Texas Tribune*, January 7, 2021, www.texastribune.org/2021/01/07/capitol-siege-police-response-difference/.
35. Madelyn Beck, "A BLM Protest Brought Thousands of National Guardsmen to DC in June. Where Were They Wednesday?," *Boise State Public Radio News*, January 8, 2021, https://www.boisstatepublicradio.org/post/blm-protest-brought-thousands-national-guardsmen-dc-june-where-were-they-wednesday#stream/0.
36. 美国全国公共广播电台（NPR）的 Steve Inkseep King 采访了普林斯顿大学非裔美国人研究系主任 Eddie Glaude，请他谈了国会山事件和"黑人的命也是命"抗议活动受到的不同处置。Steve Inkseep King, "Comparing Police Responses To Pro-Trump Mob, Racial Justice Protests," NPR, January 7, 2021, https://www.npr.org/2021/01/07/954324564/comparing-police-responses-to-pro–trump-mob-racial-justice-protests; see also Nicole Chavez, "Rioters Breached US Capitol Security on Wednesday. This Was the Police Response When It Was Black Protesters on DC Streets Last Year," CNN, January 10, 2021, https://www.cnn.com/2021/01/07/us/police-response-black-lives-matter-protest-us-capitol/index.html。
37. 从民权运动至今，已有成千上万人因在不该静坐的地方静坐而被捕，但是那一天，那些手持刀枪的一众男性打碎玻璃、伤害人体，却没有一个当场被抓。华盛顿特区政府没有派防暴警察保卫首都，也没有批准国民警卫队员携带武器，这是在公开把暴动者往好处想，而之前对"黑人的命也是命"抗议者们却没有这样。之前一夜之间全国就有一万名"黑人的命也是命"非暴力抗议者被捕，其中华盛顿特区抓了316人。见 Michael Sainato, "'They Set Us Up': US Police Arrested over 10,000 Protesters, Many Non-violent," Guardian, June 8, 2020, https://www.theguardian.com/us-news/2020/jun/08/george-floyd-killing-police-arrest-non-violent-protesters；又见 Eliott C. McLaughlin, "On These 9 Days, Police in DC Arrested More People than They Did during the Capitol Siege," CNN, January 12, 2021, https://www.cnn.com/2021/01/11/us/dc-police-previous-protests-capitol/index.html。McLaughlin 写道："在7月的不同两天里，国会山警方向 CNN（美国有限电视新闻网）确认警员分别逮捕了80名和155名抗议者，原

因是抗议者进入国会大厦大厅和平抗议——包括静坐、唱歌、平躺等类行为。"另见 Vince Dixon, "How Arrests in the Capitol Riot Compare to That of Black Lives Matter Protests," *Boston Globe*, January 7, 2021, https://www.bostonglobe.com/2021/01/07/nation/how-arrests-capitol-riot-wednesday-compare-that-black-lives-matter-protests/。

38. Jay Reeves, Lisa Mascaro, and Calvin Woodward, "Capitol Assault a More Sinister Attack than First Appeared," Associated Press, January 11, 2021, https://apnews.com/article/us-capitol-attack-14c73ee280c256ab4ec193ac0f49ad54.

39. 同上；另见 Julie Gerstein, "Officers Calmly Posed for Selfies and Appeared to Open Gates for Protesters during the Madness of the Capitol Building Insurrection," *Business Insider*, January 7, 2021, https://www.businessinsider.com/capitol-building-offfcers-posed-for-selfies-helped-protesters-2021-1。

40. 那些以止暴制乱为本职的人，却花了太长时间才从这群愤怒的白人男性身上看出暴力和危险。Lauren Giella, "Fact Check: Did Trump Call in the National Guard after Rioters Stormed the Capitol?" *Newsweek*, January 8, 2021, https://www.newsweek.com/fact-check-did-trump-call-national-guard-after-rioters-stormed-capitol-1560186.

41. Abby Llorico, "2 St. Louis Area Men Charged in Connection with Capitol Riots," KSDK, February 5, 2021, https://www.ksdk.com/article/news/crime/two-st-louis-area-men-charged-capitol-riots/63-06b8a7c5-bd64-40a4-8ead-b81293bf4484.

42. bell hooks, *Killing Rage: Ending Racism* (New York: Henry Holt and Co., 1995), 12.

43. 同上。

44. 同上。

45. María Lugones, *Pilgrimages/Peregrinajes: Theorizing Coa tion against Multiple Oppressions* (Lanham, MD: Rowman and Littlefield, 2003), chap. 5.

46. Lugones, *Pilgrimages/Peregrinajes*, 19.

47. Carleton Office of the Chaplain, "Farewells: Maria Lugones," July 16, 2020, https://www.carleton.edu/farewells/maria-lugones/; see also Jennifer Micale, "Thought and Practice: María Lugones Leaves a Global Legacy," *BingUNews*, August 7, 2020, https://www.binghamton.edu/news/story/2580/thought-and-practice-maria-lugones-leaves-a-global-legacy.

48. Lugones, *Pilgrimages/Peregrinajes*, 106.

49. 同上。

50. 同上，18。

51. Potegal and Novaco, "A Brief History of Anger," 13–14.

52. 同上，14。
53. Lugones, *Pilgrimages/Peregrinajes*, 107.
54. 同上。
55. 同上，117。
56. 同上。
57. 同上，105。
58. 同上，111。
59. 米莎·切里发现，许多所谓的"愤怒管理术"不是真的用来让人成为优秀的愤怒管理者，而只是让"管理者""开掉不服管的员工"。Cherry, *The Case for Rage*, 139.
60. Chemaly, *Rage Becomes Her*, 260.
61. Miranda Fricker, *Epistemic Injustice: Power and the Ethics of Knowing* (Oxford: Oxford University Press, 2007).
62. Lugones, *Pilgrimages/Peregrinajes*, 105.
63. Lama Rod Owens, *Love and Rage: The Path of Liberation through Anger* (Berkeley, CA: North Atlantic Books, 2020).
64. Howard Thurman, *Jesus and the Disinherited* (Nashville: Abingdon-Cokesbury Press, 1949).

第2章

1. Jerome Wakeffeld and Allan V. Horwitz, *The Loss of Sadness: How Psychiatry Transformed Normal Sorrow into Depressive Disorder* (Oxford: Oxford University Press, 2007).
2. 伊壁鸠鲁的原话说它是一场"灵魂的暴风骤雨"。"Letter to Menoeceus," in *Diogenes Laertius, Lives of Eminent Philosophers*, vol. II, translated by R. D. Hicks (Cambridge, MA: Harvard University Press, 1995), 655.
3. 在《致美诺西斯的信》(Letter to Menoeceus) 中，伊壁鸠鲁提出了平息灵魂风暴的"四部疗法"："不惧怕神明，不担忧死亡，好事泰然接纳，坏事从容承受。"他还试着帮我们分辨，欲望有自然和不自然、必要和不必要的区别，继而宣称，最好的欲望是既自然又必要的。最危险的欲望则是既不自然也不必要的，因为它们最难满足，还可能招致苦难。我们要是能够认清欲望的类型，并只追求容易获得的那些，就会比较幸福。
4. Epicurus, "Letter to Menoeceus."
5. Diane Alber, *A Little Spot of Sadness: A Story about Empathy and Compassion* (Gilbert, AZ: Diane Alber Art LLC, 2019).
6. 乔蒂的故事见 Martin Seligman, Karen Reivich, Lisa Jaycox, and Jane Gillham, *The Optimistic*

Child: A Proven Program to Safeguard Children against Depression and Build Lifelong Resilience (Boston: Houghton Mifflin, 1995), 100–102。

7. 同上，100。
8. 同上。
9. 同上。
10. 同上。
11. 同上，102。
12. 同上，144。
13. 在《生命的悲剧意识》中，乌纳穆诺问道，笛卡尔为什么不说"Siento, luego soy"（我感受，故我在）。鉴于他这本书写的是苦难，我认为乌纳穆诺的这个问题指的不是笼统的感受，而是专指对 dolor 的感受。Miguel de Unamuno, *Del sentimiento tragico de la vida en los hombres y en los pueblos y Tratado del amor de dios*, edited by Nelson Orringer (Madrid: Editorial Tecnos, 2005), 141; see also *The Tragic Sense of Life in Men and Nations*, translated by Anthony Kerrigan (Princeton, NJ: Princeton University Press, 1972), 41.
14. 在美西战争爆发前三个月，时年 34 岁的乌纳穆诺这样告诉一位朋友："Mi vida es un constante meditation mortis（我的人生是对死亡的持续沉思）。"见 Hernán Benítez, *El drama religioso de Unamuno* (Buenos Aires: Universidad de Buenos Aires, Instituto de Publicaciones, 1949), 255–63。
15. 这句话的西班牙语原文为："Y lo mas de mi labor ha sido siempre inquietar a mis prójimos, removerles el poso del corazón, angustiarlos si puedo。" Miguel de Unamuno, *Mi religion y otros ensayos breves* (Buenos Aires: Espasa Calpe, 1942), 13. 译文来自 Miguel de Unamuno, "My Religion," in *Selected Works of Miguel de Unamuno*, vol. 5, *The Agony of Christianity and Essays on Faith*, translated by Anthony Kerrigan (Prince ton, NJ: Princeton University Press, 1974), 214。其他版本译文见 Miguel de Unamuno, "My Religion," in *Essays and Soliloquies*, translated by J. E. Crawford Flitch (New York: Alfred A. Knopf, 1925), 159; Miguel de Unamuno, *Perplexities and Paradoxes*, translated by Stuart Gross (New York: Philosophical Library, 1945), 5; and Miguel de Unamuno, "My Religion," translated by Armaund Baker, https:// www.armandfbaker.com/translations/unamuno/my_religion.pdf。
16. Miguel de Unamuno, *Our Lord Don Quixote: The Life of Don Quixote and Sancho, with Related Essays* (Princeton, NJ: Prince ton University Press, 1967), 305.
17. Lorde, "The Uses of Anger," 127.
18. Unamuno, *The Tragic Sense of Life*, 149.

19. Unamuno, "My Religion" (*Perplexities and Paradoxes*), 6.
20. 这句话被心理学家 Barbara Held 拿来指称我们接收到的"要看（逆境的）光明面"的文化信息。Held, "The Tyranny of the Positive Attitude in America: Observation and Speculation," *Journal of Clinical Psychology* 58, no. 9 (September 2002): 965–91.
21. 洛德说，乌纳穆诺将自己称为"智慧神殿"的"大祭司"，还说佛朗哥主义者或许长于征服（vencer），却绝做不到说服（convencer）。虽然这多半不是乌纳穆诺的原话，但他的话肯定很激烈，因为他在发言后立即被再次撤去了校长职务。Severiano Delgado 可信的历史研究表明，这句诗意的措辞是 Luis Portillo 在 1941 年发表于 *Horizon* 的 "Unamuno's Last Lecture" 一文中借乌纳穆诺之口说出的。见 Sam Jones, "Spanish Civil War Speech Invented by Father of Michael Portillo, Says Historian," *Guardian*, May 11, 2018, https://www.theguardian.com/world/2018/may/11/famous-spanish-civil-war-speech-may-be-invented-says-historian。
22. 一次，我有一个说双语的学生反对将乌纳穆诺的 compasión 一词像通行的英语版那样翻译成"怜悯"（pity）。她主张怜悯不是恻隐（compassion），乌纳穆诺不太可能认为"人人都想得到怜悯"。这位学生认为，没有多少人真得到怜悯，但确有许多人想获得恻隐、同情或共情。由于这些词在语言学上常常游移杂糅，我们可以采取一些约定性的区分。如果说怜悯是"我为你感到难过"，共情是"我能感受到你的痛苦"，恻隐就是感同身受："我能感受到你在感受痛苦，我也和你一起感受这份痛苦"。如果我们认同这个学生的说法，即乌纳穆诺的意思多半不是人们想得到怜悯，那么我们就可以将恻隐定为善好的目标。乌纳穆诺认为，人哀伤时，会希望别人能从身体和／或情绪上领会自己。和乔蒂一样，我们也想有人向自己伸出援手——恻隐就能促成这一点，它会奔赴而非远离受苦之人。Unamuno, *The Tragic Sense of Life*, 153.
23. 同上，150。
24. 同上，147–49。
25. 在 1981 年的电影《与安德烈晚餐》（*My Dinner with Andre*）中，André Gregory 和 Wallace Shawn 对谈人生，说到了苦难、恐惧、人生的意义、幸福，等等。有一场戏中，Gregory 追述了一段经历，当时有七八个人说他看起来"棒极了"，只有一名女子说他的样子很"可怕"。他于是向那女子说起最近的一些烦心事，女子听着听着突然大哭，说自己的阿姨正重病住院。Gregory 说，只有那名女子真正看见了他，虽然"她当时对我的经历一无所知"。他认为："因为那女子的遭遇就在新近，所以她能把我看得一清二楚。而其他人，看见的不外是我晒黑的肤色，我的衬衫，要么是衬衫和肤色有多相称。"Gregory 阐述的正是乌纳穆诺的观点：受苦之人能看见其他受苦人。

见 Wallace Shawn and André Gregory, *My Dinner with Andre: A Screenplay for the Film by Louis Malle* (New York: Grove Press, 1994), 60–61, https://fliphtml5.com/dyfu/uedt/basic；这一场戏见《与安德烈晚餐》（1981），第 50 分 55 秒，https://www.youtube.com/watch?v=O4lvOjiHFw0。

26. Unamuno, "My Religion" (*Perplexities and Paradoxes*), 6.
27. 同上。

第 3 章

1. Leeat Granek, "Grief as Pathology: The Evolution of Grief Theory in Psychology from Freud to the Present," *History of Psychology* 13, no. 1 (2010): 48.
2. Katherine May, Wintering: *The Power of Rest and Retreat in Difficult Times* (London: Ebury Publishing, 2020).
3. Seneca, "Consolation to Marcia," in *Dialogues and Essays*, translated by John Davie (Oxford: Oxford University Press, 2008), 55–56.
4. 同上，54。
5. 同上，60。
6. 同上，57。
7. 同上，63。
8. 塞涅卡写道："我无法用和善或温柔的方式对付这么坚硬的哀伤。"同上，55。另见 "Consolation to Helvia," in *Dialogues and Essays*, 165。
9. 同上，164。
10. Seneca, "Consolation to Marcia," 70.
11. Seneca, "Consolaton to Helvia," 161.
12. Seneca, "Consolation to Marcia," 57.
13. Cicero, *Cicero on the Emotions: Tusculan Disputations 3 and 4*, edited and translated by Margaret Graver (Chicago: University of Chicago Press, 2002), 28, 111, 114.
14. 同上，31。
15. Epictetus, *The Handbook*, 12.
16. 同上，12。
17. Origen, Contra Celcus, book VII, Early Christian Writings, http://www.earlychristianwritings.com/text/origen167.html.
18. Seneca, *Letters from a Stoic* (London: Penguin Books, 2004), 87, 212.

19. 蒙田出版散文集时 47 岁。Montaigne, "On Affectionate Relationships," in *The Complete Essays* (London: Penguin Books, 1993), 205–19.
20. 对拉博埃西生命最后几天的描写见 Sarah Blakewell, *How to Live, or A Life of Montaigne in One Question and Twenty Attempts at an Answer* (London: Chatto & Windus, 2010), 90–108。
21. Montaigne, "On Affectionate Relationships," 212.
22. 同上，217。
23. 同上，218。
24. 同上。
25. 想了解黑猩猩如何背负死去的幼崽，见 Marc Bekoff, *The Emotional Lives of Animals: A Leading Scientist Explores Animal Joy, Sorrow, and Empathy— and Why They Matter* (Novato, CA: New World Library, 2008)。
26. American Psychiatric Association, *Diagnostic and Statistical Manual of Mental Disorders*, 5th ed. (*DSM-5*) (Arlington, VA: American Psychiatric Association, 2013), sect. III.
27. *DSM-5* 写道："提出这些诊断标准不是意图用于临床，只有 DSM-5 第二部分中的诊断标准及障碍获得了正式认可并可用于临床目的。"出处同上。
28. American Psychiatric Association, "What Is Mental Illness?," https://www.psychiatry.org/patients-families/what-is-mental-illness.
29. ClinicalTrials.gov, "A Study of Medication with or without Psychotherapy for Complicated Grief (HEAL)," US National Library of Medicine, https://www.clinicaltrials.gov/ct2/show/NCT01179568.
30. Massimo Pigliucci, "Cicero's *Tusculan Disputations: III. On Grief of Mind*," How to Be a Stoic, April 27, 2017, https://howtobeastoic.wordpress.com/2017/04/27/ciceros-tusculan-disputations-iii-on-grief-of-mind/.
31. *Cicero on the Emotions: Tusculan Disputations 3 and 4*, edited and translated by Margaret Graver (Chicago: University of Chicago Press, 2002), 11.
32. 同上，12。
33. 西塞罗接着写道："在所有情绪中，苦楚（distress）和身体的疾病最是相似。欲望不像任何病弱，不受拘束的快乐也不像，那是放纵无度的心灵欢愉。就连恐惧，和疾病也不怎么像，虽然恐惧和苦楚已经相当接近。只有 aegritudo（苦楚）特指精神上的痛苦，就像 aegrotatio（病弱）专指身体上的痛苦。"同上，13。
34. 同上，14。
35. Kathleen Evans, "'Interrupted by Fits of Weeping': Cicero's Major Depressive Disorder

and the Death of Tullia," in *History of Psychiatry* 18, no. 1 (2007): 86.

36. 西塞罗自认为是个斯多葛派，但是斯多葛主义在他流放期间却似乎对他帮助有限，反而在外人看来，在他这个自称哲学家的人身上，更显著的倒是深深的困苦和沮丧。见 *Plutarch's Lives* VII: Cicero, 32。在图利娅死后，布鲁图斯等斯多葛派同志曾经斥责西塞罗的哀恸不节制、不得体，有违斯多葛主义。尽管如此，西塞罗仍在研究中很好地践行了斯多葛主义，他对哲学论题"奋笔疾书"，为的是将心思从自己受的苦上引开。见 Evans, "Interrupted by Fits of Weeping," 95。

37. Evans, "Interrupted by Fits of Weeping," 86.

38. Cicero, *Tusculan Disputations* (Graver), 8.

39. 这个比喻和安德鲁·所罗门对自身抑郁的说法惊人地相似。所罗门说，抑郁如同老橡树上的一条"藤蔓"在他身上生长："这东西整个地裹缠上来，吸走我生命的活力，它丑陋，却比我更鲜活。它有自己的生命，一点点地让我窒息，排挤掉我的生命。"见 Andrew Solomon, *The Noonday Demon: An Atlas of Depression* (New York: Scribner, 2001), 18。

40. 西塞罗写道："心灵犹如身体，也会罹患种种失调，但能治疗心灵失调的医学还开发得较少。我们的困扰之源，是自小便由家庭、诗歌以及整个社会灌输给我们的错误信念：它们教导我们要看重权力、名望、财富或快乐，反而轻视行端主正。这种价值观使人不单行为恶劣，还会活在混乱的情绪中。这种心病的疗法要到哲学中去找，哲学能使我们成为自己的医生。" Cicero, *Tusculan Disputations* (Graver), 73.

41. 见 Evans, "Interrupted by Fits of Weeping."在一张现已删除的网页上，世界卫生组织称："抑郁不仅是最常见的女性精神健康问题，且在女性身上可能比男性更加持久。"在性别偏见的问题上，世卫组织也曾确认："较比男性，医生更可能多对女性做出抑郁的诊断，哪怕女性在抑郁的标准化测量上和男性有相似的得分，或表现出相同的症状。"梅奥诊所也认同："女性被诊断为抑郁症的概率是男性的两倍。"见 Mayo Clinic, "Depression in Women: Understanding the Gender Gap," https://www.mayoclinic.org/diseases-conditions/depression/in-depth/depression/art–20047725。

42. Robert Burton, *The Anatomy of Melancholy*, 1621–1652, published 2009 by the Ex-Classics Project, https://www.exclassics.com/anatomy/anatint.htm.

43. Sigmund Freud, "Mourning and Melancholia," in *On the History of the Psycho-Analytic Movement*, translated by A. A. Brill (London: Hogarth Press, 1914), 243–44.

44. 莉亚特·格拉内克指出："弗洛伊德……尤其明确，哀恸不应视为一种障碍，甚至干预一名哀悼者可能造成心理伤害。" Granek, "Grief as Pathology," 66.

45. 同上，54–55；又见 Emil Kraepelin, *Clinical Psychiatry: A Textbook for Students and Physicians* (London: Macmillan, 1921), 115。

46. James Gang, James Kocsis, Jonathan Avery, Paul K. Maciejewski, and Holly G. Prigerson, "Naltrexone Treatment for Prolonged Grief Disorder: Study Protocol for a Randomized, Triple-Blinded, Placebo-Controlled Trial," *Trials* 22, no. 110 (2021), https://doi.org/10.1186/s13063-021-05044-8.

47. 因为反对将急性哀恸（持续不到一年）与重性抑郁障碍合并，Jerome Wakefield 和 Allan Horwitz 批评了专业精神病学试图将哀恸这一完全正常的情绪病理化的做法——一个机能并未失调的人，只要超过两个星期表现出抑郁症状，就可能被视作病人。见 Wakefield and Horwitz, *The Loss of Sadness*。

48. Sidney Zisook 明白过度诊断有风险，但他仍不愿删掉丧痛排除条款。Roger Peele 是 *DSM-5* 特别工作组的成员，他希望大家不要担心 *DSM-5* 会暗示每个人都已然或将会患有精神疾病。他表示，心理挫折是我们人人都要经受的。一项曼哈顿中城的研究显示，有 85% 的曼哈顿人都受过生活的苦。如果今天重做这项研究，或许会显示 100% 的人都在遭受挫折，可以接受一点心理治疗。但 Peele 又表示，这绝不等于说每个人都有精神疾病。Ronald Pies 支持将丧痛排除条款删去，他说："依我看，'医学化'一词已经是某种经过修辞的罗夏墨迹测验（Rorschach test）了：它能召唤出读者恰好持有或想要宣扬的任一种政治、社会或哲学立场。"但就连 Pies 也反对那个两周诊断标准。见 Sidney Zisook et al., "The Bereavement Exclusion and DSM-5," *Depression and Anxiety* 29 (2012): 425–43; Kristy Lamb, Ronald Pies, and Sidney Zisook, "The Bereavement Exclusion for the Diagnosis of Major Depression: To Be, or Not to Be," *Psychiatry* 7 no. 7 (2010); and Gary Greenberg, *Manufacturing Depression: The Secret History of a Modern Disease* (New York: Simon & Schuster, 2010), 175。

49. 2007 年，Horwitz 和 Wakefield 在合写的 *The Loss of Sadness* 一书中批评了 *DSM* 中抑郁的诊断标准，他们主张，丧失亲人或许可与断去一肢相比。他们还有一个更宽泛的主张，说悲伤（sadness）在我们的社会中被病理化了，我们对悲伤极为不适，开了太多助人减少悲伤的药物。虽然两位作者都反对删掉丧痛排除条款，理由是哀恸并非一种精神疾病，但他们也认为其他各种悲伤同样被医学化了，它们太快得到了治疗，未能充分发展。如果要他们来修订 *DSM*，或许会加入更多排除条款。但接下来的发展却令人啼笑皆非：他们关于哀恸的这个主张，竟反过来被拿去支持对丧痛排除条款的删除了。对方的逻辑是这样的：既然丧失都是一样的，何必区别对待？又见 Jerome Wakefield, Mark F. Schmitz, Michael B. First, and Allan V. Horwitz, "Extending

the Bereavement Exclusion for Major Depression to Other Losses: Evidence from the National Comorbidity Survey," *Archives of General Psychiatry* 64 (April 2007): 433–40。

50. 《正午之魔》一书的作者安德鲁·所罗门区分了重性抑郁障碍和在遭遇"灾难性丧失"后长达六个月的哀恸，见 Andrew Solomon, "Depression, the Secret We Share," TEDxMet, October 2013, https://www.ted.com/talks/andrew_solomon_depression_the_secret_we_share/transcript?language=en。

51. Stephen E. Gilman, Joshua Breslau, Nhi-Ha Trinh, Maurizio Fava, Jane M. Murphy, and Jordan W. Smoller, "Bereavement and the Diagnosis of Major Depressive Episode in the National Epidemiologic Survey on Alcohol and Related Conditions," *Journal of Clinical Psychiatry* 73, no. 2 (2012): 208–15.

52. C. S. Lewis, *A Grief Observed* (San Francisco: Harper & Row, 1961), 37, 39.

53. 同上，40。

54. 同上，29–30。

55. 同上，37。

56. 同上，39。

57. 同上，25。

58. 同上，26。

59. 同上，10。

60. 同上，36。

61. George Sayer, *Jack: A Life of C. S. Lewis* (Wheaton, IL: Crossway, 2005), 174.

62. Lewis, *A Grief Observed*, 9.

63. 同上，xxv。

64. 同上，9。

65. 同上，xxvi。

66. Han N. Baltussen, "A Grief Observed: Cicero on Remembering Tullia," *Mortality* 14, no. 4 (2019): 355. Baltussen 对大主教评语的转述见 A. N. Wilson, *C. S. Lewis: A Biography* (London: Collins, 1990), 286。

67. Baltussen, "A Grief Observed," 355; and Wilson, *C. S. Lewis*, 285.

68. Wilson, *C. S. Lewis*, 285.

69. Megan Devine, *It's OK That You're Not OK: Meeting Grief and Loss in a Culture That Doesn't Understand* (Boulder, CO: Sounds True, 2017), 20.

70. Megan Devine, "How Do You Help a Grieving Friend?" YouTube, July 18, 2018, https://

www.youtube.com/watch?v=l2zLCCRT-nE.
71. Devine, *It's OK That You're Not OK*, 20.
72. 同上，24。
73. 刘易斯写道："我几乎喜欢上了那些极痛苦的时刻。它们至少是干净、诚实的。可是顾影自怜、自暴自弃，沉溺其中耽享那讨厌的甜腻快乐，就令我作呕了。" Lewis, *A Grief Observed*, 6。
74. Wilson, *C. S. Lewis*, 286.
75. Elisabeth Kübler-Ross and David Kessler, *On Grief and Grieving: Finding the Meaning of Grief through the Five Stages of Loss* (New York: Scribner, 2005), 47.
76. Fred Rogers, *The World According to Mister Rogers: Important Things to Remember* (New York: Hyperion, 2003), 58.
77. 见 Jean-Charles Nault, OSB, *The Noonday Devil: Acedia, the Unnamed Evil of Our Times* (San Francisco: Ignatius Press, 2013). 想了解局内人的观点以及对抑郁的高超分析，可阅读 Andrew Solomon, *The Noonday Demon: An Atlas of Depression* (New York: Scribner, 2002)。格洛丽亚·安扎尔杜亚关于她的抑郁的最成熟文字，见"Now Let Us Shift . . . Conocimiento . . . Inner Work, Public Acts"，这一段后来作为她专论的第六章重新发表，见 *Light in the Dark/Luz en lo Oscuro*, edited by AnaLouise Keating (Durham, NC: Duke University Press, 2015)。

第 4 章

1. 1990 年，一千名残障者权利活动人士在国会大厦外抗议，尝试抛开轮椅或拐杖爬上阶梯。这一场现在名为"爬上国会大厦"（Capitol Crawl）的抗议活动，最终促使布什总统签署了《美国残疾人法案》（The Americans with Disabilities Act）。见 Becky Little, "History Stories: When the 'Capitol Crawl' Dramatized the Need for Americans with Disabilities Act," *History*, July 24, 2020, https://www.history.com/news/americans-with-disabilities-act-1990-capitol-crawl (accessed March 16, 2022)。
2. Andrew Solomon, "Anatomy of Melancholy," *New Yorker*, January 12, 1998, 44–61.
3. Andrew Solomon, "Depression, the Secret We Share," TEDxMet, October 2013, https://www.ted.com/talks/andrew_solomon_depression_the_secret_we_share?language=yi.
4. American Psychological Association, "Depression," https://www.apa.org/topics/depression (accessed February 28, 2022).
5. Solomon, "Depression, the Secret We Share."

6. Lou Marinoff, *Plato, Not Prozac! Applying Eternal Wisdom to Everyday Problems* (New York: HarperCollins, 1999).
7. Cara Murez, "1 in 3 College Freshmen Has Depression, Anxiety," *Health Day News*, December 6, 2021, https:// www.usnews.com/news/health-news/articles/2021-12-06/1-in-3-college-freshmen-has-depression-anxiety (accessed February 28, 2022).
8. 1966年，一家制药企业委托美国无线电公司（RCA）制作了《布鲁斯酬唱》（*Symposium in Blues*）这张专辑，其中收录 Louis Armstrong、Leadbelly 和 Ethel Waters 等人的歌曲。该唱片被列为"宣传品"，说明写道："这是默沙东公司的一张展示唱片，内有 Elavil®（通用名"阿米替林"）的产品说明书。"见 Gary Greenberg, Manufacturing Depression: The Secret History of a Modern Disease (New York: Simon & Schuster, 2010), 23; and *Symposium in Blues*, RCA, 1966, https://www.discogs.com/release/1630999-Various-Symposium-In-Blues。
9. Peter Kramer, *Against Depression* (New York: Viking Penguin, 2005).
10. prieta 意为"黑皮肤的（阴性）"。Prieta（黑妞）也是安扎尔杜亚的母亲给她起的小名，她还在写作中用这个小名称呼自己。
11. Ann E. Reuman, "Coming into Play: An Interview with Gloria Anzaldúa," *MELUS* 25, no. 2 (2000): 31.
12. Gloria Anzaldúa, "On the Process of Writing Borderlands/La Frontera," in *The Gloria Anzaldúa Reader*, edited by AnaLouise Keating (Durham, NC: Duke University Press, 2009), 187.
13. Gloria Anzaldúa, "La Literatura: Contemporary Latino/Latina Writing," reading delivered at the Twenty-Fourth Annual UND Writer's Conference, March 24, 1993, University of North Dakota, https://commons.und.edu/writers-conference/1993/day2/3/.
14. Gloria Anzaldúa, *Interviews/Entrevistas*, edited by AnaLouise Keating (New York: Routledge, 2021), 78, 87, 93. See also Gloria Anzaldúa, "La Prieta," in *This Bridge Called My Back: Writings by Radical Women of Color* (New York: Kitchen Table/ Women of Color Press, 1983), 199–201.
15. Anzaldúa, *Interviews/Entrevistas*, 169.
16. Anzaldúa, "La Prieta," 199.
17. Anzaldúa, *Interviews/Entrevistas*, 31.
18. Gloria Anzaldúa, *Light in the Dark/Luz en lo Oscuro*, edited by AnaLouise Keating (Durham, NC: Duke University Press, 2015), 174.
19. Anzaldúa, *Interviews/Entrevistas*, 93.
20. Anzaldúa, "La Prieta," 199.

21. Anzaldúa, *Interviews/Entrevistas*, 83–86.
22. 同上，86。
23. 关于母亲，安扎尔杜亚补充说："我母亲虽然会试着纠正我那些比较有攻击性的情绪，但却暗暗自豪于我的'任性'（这一点她是绝不会承认的）。她自豪于我在学校的出色表现，还偷偷赞赏我的绘画和写作。但她同时也一个劲地抱怨，因为我做这些赚不到钱。"见 Anzaldúa, *This Bridge Called My Back*, 201。
24. Anzaldúa, *Interviews/Entrevistas*, 85.
25. 同上，94。在另一次访谈中，安扎尔杜亚说："她们说我自私。我只顾读书和写作，家务不干，一点帮不上忙，也不出门去交际。我确实够自私的。"同上，227。
26. Gloria Anzaldúa, "Memoir—My Calling: Or Notes for 'How Prieta Came to Write,'" in *The Gloria Anzaldúa Reader*, edited by AnaLouise Keating (Durham, NC: Duke University Press, 2009), 235.
27. Søren Kierkegaard, *Søren Kierkegaard's Journals and Papers*, edited and translated by Howard V. Hong and Edna H. Hong (Bloomington: Indiana University Press, 1967), 5.556 entry 1793 (VIII.1 A 640); and Søren Kierkegaard, "Guilty/Not Guilty? A Story of Suffering an Imaginary Psychological Construction," in Søren Kierkegaard, *Stages on Life's Way* (Princeton, NJ: Princeton University Press, 1988), 188–89.
28. Gloria Anzaldúa, *This Bridge We Call Home: Radical Visions for Transformation*, edited by Gloria Anzaldúa and AnaLouise Keating (New York: Routledge, 2002), 551; Anzaldúa, *Interviews/Entrevistas*, 38.
29. Anzaldúa, *Interviews/Entrevistas*, 189.
30. Anzaldúa, *Light in the Dark/Luz en lo Oscuro*, 174.
31. 同上，xvii.
32. "Now Let Us Shift"一文原本2000年就该交稿给出版社。这篇文章安扎尔杜亚1999年动笔，到2001年写完。基廷说："作为共同编者，我们和Routledge出版社商量了延迟出版，并为她的长文留了版面。"见 Anzaldúa, *Light in the Dark/Luz en lo Oscuro*, 199。安扎尔杜亚最先在2002年在 *This Bridge We Call Home* 中发表了此文，并也想把文章收入她的专论。2015年时，文章重刊于 *Light in the Dark/Luz en lo Oscuro*。
33. Anzaldúa, *The Gloria Anzaldúa Reader*, 3.
34. Anzaldúa, *Interviews/Entrevistas*, 249.
35. 同上，289。
36. 同上。

37. Gloria Anzaldúa, "Healing Wounds," in *The Gloria Anzaldúa Reader*, edited by AnaLouise Keating (Durham, NC: Duke University Press, 2009), 249. Copyright 2009, The Gloria E. Anzaldúa Literary Trust and AnaLouise Keating. All rights reserved. Republished by permission of the copyright holder, and the publisher (www.dukepress.edu).
38. Susan Cain, *Quiet: The Power of Introverts in a World That Can't Stop Talking* (New York: Crown, 2012).
39. Anzaldúa, "La Prieta," 209.
40. Gloria Anzaldúa, *Borderlands/La Frontera: The New Mestiza* (San Francisco: Aunt Lute Books, 2012), 60.
41. Gloria Anzaldúa, "Letter to Third World Women's Writers" in *This Bridge We Call Home: Radical Visions for Transformation*, edited by Gloria Anzaldúa and AnaLouise Keating (New York: Routledge, 2002), 166.
42. Anzaldúa, *Borderlands/La Frontera*, 71.
43. 同上。
44. 在注释中，安扎尔杜亚曾将柏拉图的洞穴比作柜子，被它关住的酷儿人士摆脱了沉默的锁链，得以"出柜"。Anzaldúa, G., date unknown, [Plato], Gloria Evangelina Anzaldúa Papers, box 227, folder 2, Benson Latin American Collection, University of Texas Libraries, Copyright © Gloria E. Anzaldúa. Reprinted by permission of The Gloria E. Anzaldúa Trust. All rights reserved.
45. Anzaldúa, *Borderlands/La Frontera*, 71.
46. Jean-Charles Nault, OSB, *The Noonday Devil: Acedia, the Unnamed Evil of Our Times* (San Francisco: Ignatius Press, 2013), 22–55.
47. Anzaldúa, *Light in the Dark/Luz en lo Oscuro*, xxi.
48. 安扎尔杜亚写道："当白昼吞噬自身，月亮便升起，越升越高，指引着我回家——她是我的第三只眼。她的柔光是我的良药。"同上，22。
49. 同上，xxi。
50. Anzaldúa, *Borderlands/La Frontera*, 68.
51. Anzaldúa, *Interviews/Entrevistas*, 241.
52. Anzaldúa, *Borderlands/La Frontera*, 69.
53. Anzaldúa, *Light in the Dark/Luz en lo Oscuro*, 171–72.
54. Anzaldúa, *Borderlands/La Frontera*, 71.
55. 同上。

56. 同上，67。
57. 同上，71。
58. 同上，68。
59. Plato, *Theatetus*, 150a.
60. Anzaldúa, *Borderlands/La Frontera*, 71.
61. Anzaldúa, *Interviews/Entrevistas*, 225.
62. Anzaldúa, *Light in the Dark/Luz en lo Oscuro*, 111.
63. Anzaldúa, *Borderlands/La Frontera*, 71.
64. Anzaldúa, *Light in the Dark/Luz en lo Oscuro*, 122–23.
65. 同上，119。
66. Anzaldúa, *Interviews/Entrevistas*, 248.
67. AnaLouise Keating, "Editor's Introduction," in Gloria Anzaldúa, *Light in the Dark/Luz en lo Oscuro*, edited by AnaLouise Keating (Durham, NC: Duke University Press, 2015), xxi.
68. Anzaldúa, *Borderlands/La Frontera*, 60.
69. Anzaldúa, *Light in the Dark/Luz en lo Oscuro*, 91.
70. Solomon, *The Noonday Demon*, 365.
71. 安扎尔杜亚写道："要想促成任何改变，你必须置身于此类冲突空间之中。若非亲历冲突，你无法在任何事情上取得进展。你必须受到极大的震撼，把自己震出习惯的空间才行。" Anzaldúa, *Light in the Dark/Luz en lo Oscuro*, 153.
72. 同上，91。
72. 2002 年，安扎尔杜亚写到她打算接受针灸和心理治疗，但这两种疗法价格昂贵，每次治疗要花费 80—105 美元，何况她已经看了"太多医生"了。同上，173。
74. 同上，172。
75. 同上。
76. 同上。
77. Jerome Wakefield and Allan V. Horwitz, *The Loss of Sadness: How Psychiatry Transformed Normal Sorrow into Depressive Disorder* (Oxford: Oxford University Press, 2007), 12–14.
78. Dena M. Bravata, Sharon A. Watts, Autumn L. Keefer, et al., "Prevalence, Predictors, and Treatment of Impostor Syndrome: A Systematic Review," *Journal of General Internal Medicine* 35, no. 4 (April 2020): 1252–75.
79. susto 是一趟但丁式的旅程，它通向地下世界"米克特兰"（Mictlan），要人直面夸特莉葵。安扎尔杜亚写道："在冰面具之后，我看到了自己的眼睛。它们却不愿看我。

Miro que estoy encabronada, miro la Resistencia（我看到我在发怒，看到了抗拒）——我抗拒知晓，抗拒放下，抗拒那片我曾于此潜入死亡的深海。我害怕淹死。我也抗拒性爱，抗拒亲密的触碰，不愿敞开怀抱接受陌生的他者，那是我无法控制也无法巡逻的境地……末了是一场千尺的坠落。"Anzaldúa, *Borderlands/La Frontera*, 70.

80. "Andrew Solomon: The Stories of Who We Are," transcript of interview with Kate Bowler, *Every thing Happens* (podcast), July 30, 2019, https://katebowler.com/podcasts/andrew-solomon-the-stories-of-who-we-are/。

第 5 章

1. Emily Tate, "Anxiety on the Rise," *Inside Higher Ed*, March 29, 2017, https://www.insidehighered.com/news/2017/03/29/anxiety-and-depression-are-primary-concerns-students-seeking-counseling-services.

2. 一项研究显示："在患焦虑障碍的青少年中，50% 的人出现障碍不晚于 6 岁。"Katja Beesdo, Susanne Knappe, and Daniel S. Pine, "Anxiety and Anxiety Disorders in Children and Adolescents: Developmental Issues and Implications for DSM- V," *Psychiatric Clinics of North America* 32 no. 3 (2009): 483–524. https://doi.org/10.1016/j.psc.2009.06.002.

3. 精神病学家 Marc-Antoine Crocq 指出，时下对正念（mindfulness）的注重也响应了斯多葛派的教导。Crocq, "A History of Anxiety: From Hippocrates to DSM," *Dialogues of Clinical Neuroscience* 17, no. 3 (2015): 320, doi: 10.31887/DCNS.2015.17.3/macrocq.

4. Arlin Cuncic, "Therapy for Anxiety Disorders," VeryWell Mind, June 30, 2020, https://www.verywellmind.com/anxiety-therapy-4692759.

5. 一项研究显示："即使接受了认知行为治疗，仍有 50%的儿童保有症状，许多依然符合诊断标准。"Eli R. Lebowitz, Carla Marin, Alyssa Martino, Yaara Shimshoni, and Wendy K. Silverman, "Parent-Based Treatment as Efficacious as Cognitive-Behavioral Therapy for Childhood Anxiety: A Randomized Noninferiority Study of Supportive Parenting for Anxious Childhood Emotions," *Journal of American Academic Child Adolescent Psychiatry* 59, no. 3 (March 2020): 362–72, doi: 10.1016/j.jaac.2019.02.014.

6. 比如 Patricia Pearson 就写道："在 20 世纪的'于办公室实践的精神科'兴起之前，人们并未将焦虑看成一种有别于常态的疾病。"Pearson, *A Brief History of Anxiety . . . Yours and Mine* (New York: Bloomsbury USA, 2008), 4; see also Crocq, "A History of Anxiety," 320.

7. Crocq, "A History of Anxiety," 320.

8. 同上。

9. Christopher Gill, "Philosophical Psychological Therapy: Did It Have Any Impact on Medical Practice?," in Chiara Thumiger and Peter N. Singer, *Mental Illness in Ancient Medicine: From Celsus to Paul of Aegina* (Boston: Brill, 2018), 370.
10. Sigmund Freud, *The Question of Lay Analysis* (New York: Brentano, 1926) 62, 63.
11. David A. Clark and Aaron T. Beck, *Cognitive Therapy of Anxiety Disorders* (New York: Guilford Press, 2010), 11.
12. Joseph E. Davis, "Let's Avoid Talk of 'Chemical Imbalance': It's People in Distress," *Aeon*, July 14, 2020, https://psyche.co/ideas/lets-avoid-talk-of-chemical-imbalance-its-people-in-distress; and Ashok Malla, Ridha Jooper, and Amparo Garcia, "'Mental Illness Is Like Any Other Medical Illness': A Critical Examination of the Statement and Its Impact on Patient Care and Society," *Journal of Psychiatry and Neuroscience* 40, no. 3 (2015): 147–50, doi:10.1503/jpn.150099.
13. American Psychiatric Association, "What Are Anxiety Disorders," https://www.psychiatry.org/patients-families/anxiety-disorders/what-are-anxiety-disorders.
14. Cuncic, "Therapy for Anxiety Disorders."
15. Hayden Shelby, "Therapy Is Great, but I Still Need Medication," *Slate*, November 1, 2017, https://slate.com/technology/2017/11/cognitive-behavioral-therapy-doesnt-fix-everything-for-everyone.html.
16. 心理学家Sheryl Paul主张，即便是最严重的焦虑案例，也仍不能算作障碍。Sheryl Paul, *The Wisdom of Anxiety* (Boulder, CO: Sounds True, 2019).
17. Kierkegaard, *Journals and Papers*, 5.158 entry 5480 (letters, no. 21, n.d.).
18. 同上，5.232 entry 5662 (IV B 141, n.d., 1843)。
19. "基尔克果的五个兄姊在1819—1834年间去世。他的两个姐姐分别死在了33岁和34岁上。基尔克果的父亲觉得他的孩子没有一个能活过34岁。"同上，1.511, note 164。
20. 同上，6.17 (IX A 99, n.d., 1848)。
21. Søren Kierkegaard, *Practice in Christianity*, edited and translated by Howard V. Hong and Edna H. Hong (Princeton, NJ: Princeton University Press, 1992), 174–75.
22. 同上。
23. Kierkegaard, *Journals and Papers*, 6.72 (IX A 411, n.d., 1848).
24. 同上。
25. 同上，5.180 (III A 172, n.d., 1841)。
26. 我要对基尔克果的拥趸解释一句：我这么说的依据，是他在《焦虑的概念》中写下的许多内容都来自他的日记。和他的其他一些作品相比,这个化名似乎更接近真正的基尔克果。

27. Ed Yong, "Meet the Woman without Fear," *Discover*, December 16, 2010, https://www.discovermagazine.com/mind/meet-the-woman-without-fear.
28. Kierkegaard, *Journals and Papers*, 1.39 entry 97 (V B 53:23, n.d., 1844).
29. 同上。
30. Kierkegaard, *The Concept of Anxiety*, 45.
31. Maria Russo, "9 Books to Help Calm an Anxious Toddler," *New York Times*, January 18, 2020, https://www.nytimes.com/2020/01/18/books/childrens-books-anxiety.html.
32. 我在这里想到了 Chimamanda Adichie 提出的"单一叙事"(single story)概念。在一个单一叙事中,焦虑固然是可怕的。但是到了基尔克果这样的复合叙事(complex story)中,焦虑就变得激动人心,可能还富有成效了。见 Chimamanda Adichie, "The Danger of a Single Story," TEDGlobal, July 2009, https://www.ted.com/talks/chimamanda_ngozi_adichie_the_danger_of_a_single_story?language=en。
33. Kierkegaard, *The Concept of Anxiety*, 44–45.
34. 同上,44。
35. 同上,45。
36. 同上,61。
37. 同上;Gordon Marino, *The Existentialist's Survival Guide: How to Live Authentically in an Inauthentic Age* (San Francisco: HarperOne, 2018), 44。
38. 基尔克果说自己受到了焦虑的"教育"。Kierkegaard, *The Concept of Anxiety*, 121; see also Rollo May, *The Meaning of Anxiety* (New York: Washington Square Press, 1977), 341.
39. Kierkegaard, *The Concept of Anxiety*, 121.
40. Anzaldúa, *Borderlands/La Frontera*, 60.
41. 基尔克果写道:"焦虑的对象是'无'。"Kierkegaard, *The Concept of Anxiety*, 77.
42. Arlin Cuncic, "6 Tips to Change Negative Thinking," VeryWell Mind, June 29, 2020, https://www.verywellmind.com/how-to-change-negative-thinking-3024843; see also Arlin Cuncic, "Overcome Negative Thinking When You Have Social Anxiety Disorder," VeryWellMind, April 30, 2021, https://www.verywellmind.com/how-to-stop-thinking-negatively-3024830.
43. Irving Yalom, *Staring at the Sun: Overcoming the Terror of Death* (San Francisco: Jossey Bass, 2009), 201.

44. 同上，117。
45. Anzaldúa, *Borderlands/La Frontera*, 60.
46. Glennon Doyle, *Untamed* (New York: Dial Press, 2020), 50.
47. Glennon Doyle, *Carry on, Warrior: The Power of Embracing Your Messy, Beautiful Life* (New York: Scribner, 2014), 28.
48. Doyle, *Untamed*, 89.
49. Kierkegaard, *Journals and Papers*, 5.258 entry 5743 (V A 71, n.d., 1843).
50. 同上，2.360 entry 1919 (X5 A 44, n.d., 1852)。
51. Marino, *The Existentialist's Survival Guide*, 53; Kierkegaard, *The Concept of Anxiety*, 155.
52. Yalom, *Staring at the Sun*, 277.
53. 见 Paul, *The Wisdom of Anxiety*。

尾 声

1. Lorde, "The Uses of Anger," 127.
2. Anzaldúa, *Borderlands/La Frontera*, 101; Henry David Thoreau, "Walking," in *The Portable Thoreau*, edited by Jeffrey S. Cramer (New York: Penguin, 2012), 402.